中国工程院咨询研究报告

中国煤炭清洁高效可持续开发利用战略研究

谢克昌／主编

（第 9 卷）

煤基多联产技术

倪维斗 李　政 刘　培 等／著

科学出版社

北京

内 容 简 介

本书是《中国煤炭清洁高效可持续开发利用战略研究》丛书之一。

煤基多联产技术是先进清洁的煤炭利用技术，是综合解决我国能源系统所面临的主要问题的重要途径和关键技术。本书从我国油品需求现状及未来趋势分析出发，分析我国发展煤基替代燃料的必要性和必然性，以及煤基替代燃料的发展现状及问题。本书采用全生命周期评价方法，对各类煤基替代燃料技术进行定量评估，为多联产发展方向提供依据，并给出适合中国国情的煤基替代燃料的最优规模。结合中国资源状况和技术发展情况，分析未来中国多联产系统发展的规模和布局，提出了中国 2030 年前多联产系统的发展战略和路线图，并对多联产发展的政策和保障体系提出了初步建议。

本书可供煤基多联产系统研究的专业人员以及能源、化工领域的研究和开发设计人员阅读参考。

图书在版编目（CIP）数据

煤基多联产技术 / 倪维斗等著 . —北京：科学出版社，2014.10

（中国煤炭清洁高效可持续开发利用战略研究 / 谢克昌主编；9）

"十二五"国家重点图书出版规划项目　中国工程院重大咨询项目

ISBN 978-7-03-040340-7

Ⅰ.①煤…　Ⅱ.①倪…　Ⅲ.①煤炭资源-综合利用　Ⅳ.①TD849

中国版本图书馆 CIP 数据核字（2014）第 063524 号

责任编辑：李　敏　周　杰　张　震 / 责任校对：邹慧卿
责任印制：徐晓晨 / 封面设计：黄华斌

科　学　出　版　社 出版
北京东黄城根北街 16 号
邮政编码：100717
http://www.sciencep.com

北京教图印刷有限公司 印刷
科学出版社发行　各地新华书店经销

*

2014 年 10 月第　一　版　　开本：787×1092　1/16
2015 年 1 月第二次印刷　　印张：9
字数：200 000

定价：**120.00 元**
（如有印装质量问题，我社负责调换）

中国工程院重大咨询项目

中国煤炭清洁高效可持续开发利用战略研究
项目顾问及负责人

项目顾问

徐匡迪　中国工程院　十届全国政协副主席、中国工程院主席团名誉主席、原院长、院士

周　济　中国工程院　院长、院士

潘云鹤　中国工程院　常务副院长、院士

杜祥琬　中国工程院　原副院长、院士

项目负责人

谢克昌　中国工程院　副院长、院士

课题负责人

第 1 课题　煤炭资源与水资源　　　　　　　　　　　　彭苏萍

第 2 课题　煤炭安全、高效、绿色开采技术与战略研究　谢和平

第 3 课题　煤炭提质技术与输配方案的战略研究　　　　刘炯天

第 4 课题　煤利用中的污染控制和净化技术　　　　　　郝吉明

第 5 课题　先进清洁煤燃烧与气化技术　　　　　　　　岑可法

第 6 课题　先进燃煤发电技术　　　　　　　　　　　　黄其励

第 7 课题　先进输电技术与煤炭清洁高效利用　　　　　李立浧

第 8 课题　煤洁净高效转化　　　　　　　　　　　　　谢克昌

第 9 课题　煤基多联产技术　　　　　　　　　　　　　倪维斗

第 10 课题　煤利用过程中的节能技术　　　　　　　　　金　涌

第 11 课题　中美煤炭清洁高效利用技术对比　　　　　　谢克昌

综　合　组　中国煤炭清洁高效可持续开发利用　　　　　谢克昌

本卷研究组成员

顾　问

方德巍	国家化工行业生产力促进中心	教授级高工
张素心	上海电气	教授级高工

组　长

倪维斗	清华大学	院士

副组长

李　政	清华大学	教授
李文英	太原理工大学	教授

成　员

肖云汉	中国科学院工程热物理研究所	研究员
王勤辉	浙江大学	教授
方德巍	国家化工行业生产力促进中心	教授级高工
张素心	上海电气	教授级高工
张希良	清华大学	研究员
刘　培	清华大学	副研究员
麻林巍	清华大学	副研究员
薛亚丽	清华大学	助理研究员
许兆峰	清华大学	助理研究员
高　丹	华北电力大学	讲师
刘广建	华北电力大学	讲师
易　群	太原理工大学	讲师
李伟起	清华大学	博士后
潘玲颖	清华大学	博士生
陈　贞	清华大学	博士生
张东杰	清华大学	博士生
常诗瑶	清华大学	硕士生

序　一

　　近年来，能源开发利用必须与经济、社会、环境全面协调和可持续发展已成为世界各国的普遍共识，我国以煤炭为主的能源结构面临严峻挑战。煤炭清洁、高效、可持续开发利用不仅关系我国能源的安全和稳定供应，而且是构建我国社会主义生态文明和美丽中国的基础与保障。2012 年，我国煤炭产量占世界煤炭总产量的 50% 左右，消费量占我国一次能源消费量的 70% 左右，煤炭在满足经济社会发展对能源的需求的同时，也给我国环境治理和温室气体减排带来巨大的压力。推动煤炭清洁、高效、可持续开发利用，促进能源生产和消费革命，成为新时期煤炭发展必须面对和要解决的问题。

　　中国工程院作为我国工程技术界最高的荣誉性、咨询性学术机构，立足我国经济社会发展需求和能源发展战略，及时地组织开展了"中国煤炭清洁高效可持续开发利用战略研究"重大咨询项目和"中美煤炭清洁高效利用技术对比"专题研究，体现了中国工程院和院士们对国家发展的责任感和使命感，经过近两年的调查研究，形成了我国煤炭发展的战略思路和措施建议，这对指导我国煤炭清洁、高效、可持续开发利用和加快煤炭国际合作具有重要意义。项目研究成果凝聚了众多院士和专家的集体智慧，部分研究成果和观点已经在政府相关规划、政策和重大决策中得到体现。

　　对院士和专家们严谨的学术作风和付出的辛勤劳动表示衷心的敬意与感谢。

徐匡迪

2013 年 11 月 6 日

序 二

　　煤炭是我国的主体能源，我国正处于工业化、城镇化快速推进阶段，今后较长一段时期，能源需求仍将较快增长，煤炭消费总量也将持续增加。我国面临着以高碳能源为主的能源结构与发展绿色、低碳经济的迫切需求之间的矛盾，煤炭大规模开发利用带来了安全、生态、温室气体排放等一系列严峻问题，迫切需要开辟出一条清洁、高效、可持续开发利用煤炭的新道路。

　　2010 年 8 月，谢克昌院士根据其长期对洁净煤技术的认识和实践，在《新一代煤化工和洁净煤技术利用现状分析与对策建议》(《中国工程科学》2003 年第 6 期)、《洁净煤战略与循环经济》(《中国洁净煤战略研讨会大会报告》，2004 年第 6 期) 等先期研究的基础上，根据上述问题和挑战，提出了《中国煤炭清洁高效可持续开发利用战略研究》实施方案，得到了具有共识的中国工程院主要领导和众多院士、专家的大力支持。

　　2011 年 2 月，中国工程院启动了"中国煤炭清洁高效可持续开发利用战略研究"重大咨询项目，国内煤炭及相关领域的 30 位院士、400 多位专家和 95 家单位共同参与，经过近两年的研究，形成了一系列重大研究成果。徐匡迪、周济、潘云鹤、杜祥琬等同志作为项目顾问，提出了大量的指导性意见；各位院士、专家深入现场调研上百次，取得了宝贵的第一手资料；神华集团、陕西煤业化工集团等企业在人力、物力上给予了大力支持，为项目顺利完成奠定了坚实的基础。

　　"中国煤炭清洁高效可持续开发利用战略研究"重大咨询项目涵盖了煤炭开发利用的全产业链，分为综合组、10 个课题组和 1 个专题组，以国内外已工业化和近工业化的技术为案例，以先进的分析、比较、评价方法为手段，通过对有关煤的清洁高效利用的全局性、系统性、基础性问题的深入研究，提出了科学性、时效性和操作性强的煤炭清洁、高效、可持续开发利用战略方案。

　　《中国煤炭清洁高效可持续开发利用战略研究》丛书是在 10 项课题研究、1 项专题研究和项目综合研究成果基础上整理编著而成的，共有 12 卷，对煤炭的开发、输配、转化、利用全过程和中美煤炭清洁高效利用技术等进行了系统的调研和分析研究。

　　综合卷《中国煤炭清洁高效可持续开发利用战略研究》包括项目综合报告及 10 个课题、1 个专题的简要报告，由中国工程院谢克昌院士牵头，分析了我国煤炭清洁、高效、可持续开发利用面临的形势，针对煤炭开发利用过程中的一系列重大问题进行了分析研究，给出了清洁、高效、可持续的量化指标，提出了符合我国国情的煤炭清洁、高效、可持续开发利用战略和政策措施建议。

第1卷《煤炭资源与水资源》，由中国矿业大学（北京）彭苏萍院士牵头，系统地研究了我国煤炭资源分布特点、开发现状、发展趋势，以及煤炭资源与水资源的关系，提出了煤炭资源可持续开发的战略思路、开发布局和政策建议。

第2卷《煤炭安全、高效、绿色开采技术与战略研究》，由四川大学谢和平院士牵头，分析了我国煤炭开采现状与存在的主要问题，创造性地提出了以安全、高效、绿色开采为目标的"科学产能"评价体系，提出了科学规划我国五大产煤区的发展战略与政策导向。

第3卷《煤炭提质技术与输配方案的战略研究》，由中国矿业大学刘炯天院士牵头，分析了煤炭提质技术与产业相关问题和煤炭输配现状，提出了"洁配度"评价体系，提出了煤炭整体提质和输配优化的战略思路与实施方案。

第4卷《煤利用中的污染控制和净化技术》，由清华大学郝吉明院士牵头，系统研究了我国重点领域煤炭利用污染物排放控制和碳减排技术，提出了推进重点区域煤炭消费总量控制和煤炭清洁化利用的战略思路和政策建议。

第5卷《先进清洁煤燃烧与气化技术》，由浙江大学岑可法院士牵头，系统分析了各种燃烧与气化技术，提出了先进、低碳、清洁、高效的煤燃烧与气化发展路线图和战略思路，重点提出发展煤分级转化综合利用技术的建议。

第6卷《先进燃煤发电技术》，由东北电网有限公司黄其励院士牵头，分析评估了我国燃煤发电技术及其存在的问题，提出了燃煤发电技术近期、中期和远期发展战略思路、技术路线图和电煤稳定供应策略。

第7卷《先进输电技术与煤炭清洁高效利用》，由中国南方电网公司李立涅院士牵头，分析了煤炭、电力流向和国内外各种电力传输技术，通过对输电和输煤进行比较研究，提出了电煤输运构想和电网发展模式。

第8卷《煤洁净高效转化》，由中国工程院谢克昌院士牵头，调研分析了主要煤基产品所对应的煤转化技术和产业状况，提出了我国煤转化产业布局、产品结构、产品规模、发展路线图和政策措施建议。

第9卷《煤基多联产技术》，由清华大学倪维斗院士牵头，分析了我国煤基多联产技术发展的现状和问题，提出了我国多联产系统发展的规模、布局、发展战略和路线图，对多联产技术发展的政策和保障体系建设提出了建议。

　　第 10 卷《煤炭利用过程中的节能技术》，由清华大学金涌院士牵头，调研分析了我国重点耗煤行业的技术状况和节能问题，提出了技术、结构和管理三方面的节能潜力与各行业的主要节能技术发展方向。

　　第 11 卷《中美煤炭清洁高效利用技术对比》，由中国工程院谢克昌院士牵头，对中美两国在煤炭清洁高效利用技术和发展路线方面的同异、优劣进行了深入的对比分析，为中国煤炭清洁、高效、可持续开发利用战略研究提供了支撑。

　　《中国煤炭清洁高效可持续开发利用战略研究》丛书是中国工程院和煤炭及相关行业专家集体智慧的结晶，体现了我国煤炭及相关行业对我国煤炭发展的最新认识和总体思路，对我国煤炭清洁、高效、可持续开发利用的战略方向选择和产业布局具有一定的借鉴作用，对广大的科技工作者、行业管理人员、企业管理人员都具有很好的参考价值。

　　受煤炭发展复杂性和编写人员水平的限制，书中难免存在疏漏、偏颇之处，请有关专家和读者批评、指正。

谢克昌

2013 年 11 月

前　言

煤基多联产技术是先进清洁的煤炭利用技术，是综合解决我国能源系统面临的主要问题的重要途径和关键技术，主要表现在以下三方面。

第一，多联产可以生产多种产品，效率提高有助于缓解能源供需矛盾和液体燃料短缺。粗煤气通过高温净化后获得纯净硫和净煤气，然后可以用净煤气为原料来进行热、电、气、化工联合生产，即在发电的同时，还可以大规模地生产甲醇、二甲醚、F-T油等替代燃料，以及化工产品和城市煤气等。

第二，多联产能将污染物和温室气体排放降到最低，满足未来社会对环保和温室气体减排更严格的要求。一方面，煤气化系统的合成气净化环节可以有效地脱除各种污染物；另一方面，在煤气化整个工艺过程中可以增加较少的成本捕集高浓度、高压的二氧化碳，满足未来减排二氧化碳的需要。

第三，多联产系统的实质是多种不同类型产品生产过程的优化耦合。优化耦合后的系统不仅可以实现电力与高附加值化工产品的联产、有效地降低各产品的成本，而且还可以灵活地调节多个产品之间的"峰-谷"差，使得整体系统的经济效益始终维持在高水平。

多联产系统生产的液体燃料产品对解决我国的液体燃料短缺，降低石油进口依存度，保障能源安全具有重要意义。煤基液体燃料是煤基多联产系统的重要产品之一，而其用途在于替代目前主要通过石油炼制得到的各类油品的消费，如汽油、柴油、LPG和石脑油等，以缓解石油安全的压力和改善油品终端利用的技术经济性和环境排放。在分析替代燃料发展潜力的基础上，本书从多个层面、多个维度出发，通过煤基液体燃料供应链各方面基础信息的收集和分析，对煤基液体燃料技术的发展进行了全面、客观的评价。分析了包括煤直接液化、煤间接液化、煤基甲醇、煤基二甲醚等几种主要技术的发展现状，以及各转化环节的技术、经济和环境性能的比较，并对以上各种煤基液体燃料的发展现状、发展障碍和未来潜力进行了评述。

本书选取了在技术上较为成熟、发展潜力较大的四种典型煤基多联产系统作为研究对象，对其经济、能效、环境特性进行了全生命周期分析。研究结果显示，多联产系统可更好地实现能量的梯级利用和集成，能量利用效率要高于IGCC系统。多联产系统比投资高于传统的火力电厂以及超临界、超超临界电厂比投资。全生命周期过程中系统的CO_2排放主要来源于煤的转化利用阶段，而多联产系统化学品运输、利用过程也是另一重要排放源，提高化学品生产、消耗链环节效率是减排的关键。

在上述分析的基础上，本书提出了广义和狭义的煤基多联产系统定义。

广义多联产定义为：以煤气化技术（包括煤完全气化，部分气化，热解等）为"龙头"，从产生的合成气来进行跨行业、跨部门的联合生产，以同时获得多种高附加值的化工产品和多种洁净的二次能源（气体燃料、液体燃料、电力等）的优化集成能源系统。狭义多联产定义为：利用已参与化工合成后的合成气发电的系统。其特征在于：①只有进入化工合成反应器参与了化工合成，而其中未转换的尾气被抽出去下游发电工段参与发电的那部分合成气称为"联产合成气"。②在并联系统中，只有分流到化工合成段参与合成的那部分合成气是联产合成气，而直接通往发电工段燃烧发电的那部分合成气不是联产合成气，其本质是电力分产。③在传统化工生产过程中，如果驰放气用于发电，其本质上也是化工-电力多联产，只不过因为发电量小，而被称为余能利用。

研究结果表明，我国多联产系统总体上已经进入工业示范早期，技术日趋成熟，为大范围技术推广打下了良好的基础。同时，我国液体燃料高度短缺，生态环境保护形势严峻，多联产系统的发展具有广阔的空间。但我国多联产系统发展仍面临缺乏主导设计、难以打破行业分割以及缺乏相关政策、法规支持等挑战。

本书共8章，第1章概述我国的能源形势以及多联产系统对解决我国能源、环境问题的重要意义；第2章从中国油品需求现状出发，分析油品供需的未来趋势，探讨中国发展煤基替代燃料的必要性和必然性；第3章分析中国煤基液体燃料发展现状及问题，论述中国发展多联产技术的可行性和紧迫性；第4章采用全生命周期评价的方法，对中国各类煤基替代燃料进行经济、能效和环境评估，分析各类煤基替代燃料的优劣，为中国多联产的发展方向提供依据；第5章采用能源安全的损益分析方法，分析研究中国发展煤基替代燃料的最优规模，进而得出最适合中国国情的多联产发展规模；第6章在已有的多联产系统研究和发展基础上，总结提炼适合中国国情的多联产定义和分类方法；第7章结合中国资源禀赋和技术发展情况，分析未来中国多联产系统发展的规模和布局；第8章结合上述研究内容，研究和确定中国2030年前多联产发展战略和路线图，并对多联产发展的政策和保障体系提出了初步建议。

本书是中国工程院"中国煤炭清洁高效可持续开发利用战略研究重大咨询项目"之"煤基多联产技术"课题的主要研究成果，该课题由清华大学、太原理工大学、中国科学院工程热物理研究所、浙江大学等单位共同完成。参与本书编写的其他人员有：李文英、麻林巍、高丹、刘广建、易群、张健赟等。在此，谨对上述合作单位和人员一并表示衷心的感谢！

由于我们的知识范围和经验所限，书中难免存在不足之处，恳请读者批评指正。

作　者

2013 年 12 月

目　　录

第 1 章　　　　　　　绪　　论

1.1　多联产是综合解决中国能源挑战问题的重要途径

（1）中国能源问题

在过去的 30 多年里，伴随着经济高速发展，中国能源需求快速增长，对能源供给与环境生态提出了巨大挑战，主要表现在以下五方面（倪维斗等，2008）。

1）能源需求量巨大且快速增长，供应能力紧张。尽管近年来能源需求快速增长，但由于人口基数大，人均能源消耗水平尚低于世界人均水平，因此随着经济的进一步发展，人均能源消耗和能源消费总量还将进一步增长。能源消费总量的快速增加将给中国的能源供应带来巨大的压力。

2）液体燃料短缺，高度依靠进口，能源安全堪忧。近年来，中国汽车保有量不断攀升，交通消耗占中国每年石油消费的 30% 以上（国家统计局，2010）（此为统计年鉴数值，如果按大交通计算，应为"约50%"），而且这一比例还在继续增长。中国 2008 年原油及其成品油净进口量约为 2 亿 t（国家统计局，2010），对外依存度达到 53%，今后可能还将继续增加，中国能源安全问题面临严峻挑战。

3）环境污染严重。伴随能源消耗增长，环境问题也日益严峻，中国的大气污染的特点在于：常规污染（NO_x、SO_2 和烟尘）仍是中国的主要问题，大城市中，交通已超过燃煤成为 NO_x 排放的主要来源。

4）温室气体排放量巨大而且迅速增加。近年来随着能源消耗的增长，中国温室气体排放量迅速增长，已成为世界上最主要的温室气体排放国之一。国际社会减排 CO_2 的呼声必将对中国产生巨大的政治和经济压力，甚至成为限制中国经济发展的边界条件。

5）农村和小城镇所需能源的供应。在现今的农村，还有相当数量的农民没有得到良好的能源服务，日益富裕起来的农民将需要更方便和清洁的能源。而与此同时，中国城镇化率每年增长约 1%（国家统计局，2010），每年有超过 1000 万的人口进入新的城镇，众多日益崛起的小城镇需要清洁能源服务。农村和小城镇的能源需求都将对能源供应的数量、品种以及基础设施建设提出巨大挑战。

不难看出，以上提到的五大挑战均和煤炭有千丝万缕的联系。一方面，煤炭是当前中国的主力一次能源，且中国的能源结构将导致煤炭在未来相当长的一段时期内仍将是中国能源供应的主体，将是中国能源不可或缺的一部分；另一方面，煤炭的开采和直接燃烧是引起中国生态、环境污染和温室气体排放等诸多问题的主要原因之一。

（2）多联产系统的优势

要解决中国能源面临的挑战问题，关键在于发展先进的煤炭利用技术。多联产系统正是一条先进的煤炭利用技术路线，是综合解决五大问题的重要途径和关键技术（倪维斗等，2003），其优势表现在以下三方面。

1）多联产可以生产多种产品，效率提高有助于缓解能源供需矛盾和液体燃料短缺。粗煤气通过高温净化后获得纯净硫和净煤气，然后可以以净煤气为原料来进行热、电、气、化工联合生产，即在发电的同时，还可以大规模地生产甲醇、二甲醚、F-T 油等替代燃料，以及化工品和城市煤气等。

2）多联产能将污染物和温室气体排放降到最低，满足未来社会对环保和温室气体减排更严格的要求。一方面，煤气化系统的合成气净化环节可以有效地脱除各种污染物；另一方面，在煤气化整个工艺过程中可以以较小的增加成本捕捉高浓度、高压的 CO_2，满足未来减排 CO_2 的需要。

3）多联产系统的实质是多种不同类型产品生产过程的优化耦合。优化耦合后的系统不仅可以实现电力与高附加值化工产品的联产、有效地降低各产品的成本，而且还可以灵活地调节多个产品之间的"峰-谷差"，使得整体系统的经济效益始终维持在高水平。

因此，发展煤基多联产系统是综合解决中国能源挑战的重要途径，应作为中国近期、中期、远期的重要能源战略之一。它不仅对中国能源系统最终走上可持续发展之路具有深远意义，而且对缓解中国当前面对的能源资源和环境瓶颈具有重要的现实意义。

1.2　多联产发展战略研究的关键问题

多联产发展战略研究需解决以下 5 个关键性问题。

（1）为什么要发展多联产

需要研究多联产与中国社会经济发展、能源发展的关联和必要性。从中国国情出发，特别是从中国油品供需现状和未来发展趋势着手，分析发展煤基替代燃料的必要性，进而通过分析中国煤基替代燃料的发展现状和问题，揭示煤基多联产发展的重要性和必然性，是进行煤基多联产发展战略研究必须回答的先决问题。

（2）该发展什么种类的多联产

正如中国煤基替代燃料的种类多种多样，煤基多联产也有多种类型。如何科学合理地评价不同种类多联产产出的煤基替代燃料的优劣，选择何种类型的替代燃料产品是多联产发展过程中必须回答的问题。

（3）发展多大规模的多联产

需要对多联产发展的原理和规律进行研究。通过在能源安全整体框架下思考多联产的产品——替代燃料的作用和地位，通过考察替代燃料正反两方面作用的辩证关系和规律，可以认识替代燃料发展的原理和约束，为科学地确定替代燃料发展，进而为多联产发展的战略目标和实施策略奠定思想基础。

（4）什么时候，在什么地方发展多联产

需要从中国特定资源结构、分布特点，中国总体能源消费结构、技术和利用状况出发，通过对各种可选择的多联产技术开展基于地域情景的布局研究，为选择和制定中国多联产的发展方向、路线和重点提供客观依据。

（5）如何制定和保障多联产的发展战略和技术路线图

为国家提出正确的、系统的、有见地的和可操作的战略建议是本书的最终目标。一方面，需要研究和确定中国 2030 年前多联产发展意图达到的战略目的以及指导方针；另一方面，需要研究在满足 2030 年能源供应和其他发展约束的前提下，如何设计多联产研发、示范、推广和产业化以及相应政策保障措施的时间路线图。

1.3　研究内容及主要结论

多联产系统生产的液体燃料产品对解决中国的液体燃料短缺，降低石油进口依存度，保障能源安全具有重要意义。煤基液体燃料是煤基多联产系统的重要产品之一，而其用途在于替代目前主要通过石油炼制得到的各类油品的消费，如汽、柴油、LPG 和石脑油等，以缓解石油安全的压力和改善油品终端利用的技术经济性和环境排放。为分析煤基液体燃料的未来产品需求，首先需要明确中国石油基油品需求的现状和趋势，以及所需要的油品替代规模。本书从油品的资源供应、原油炼制以及终端消费的整体系统出发，分析了中国油品需求的现状和未来趋势，

预测中国未来的替代燃料需求潜力可达 0.6 亿 ~ 1 亿 t 的规模,从而为煤基多联产系统的发展规模判断提供了依据。

在分析替代燃料发展潜力的基础上,本书从多个层面、多个维度出发,通过煤基液体燃料供应链各方面基础信息的收集和分析,对煤基液体燃料技术的发展进行了全面、客观的评价。分析了包括煤直接液化、间接液化、煤基甲醇、煤基二甲醚等几种主要技术的发展现状,以及各转化环节的技术、经济和环境性能的比较,并对以上各种煤基液体燃料的发展现状、发展障碍和未来潜力进行了评述。

本书选取了在技术上较为成熟、发展潜力较大的四种典型煤基多联产系统作为研究对象,对其经济、能效、环境特性进行了全生命周期分析。研究结果显示,多联产系统可更好地实现能量的梯级利用和集成,能量利用效率要高于 IGCC 系统。多联产系统比投资高于传统的火力电厂以及超临界、超超临界电厂比投资。全生命周期过程中系统的 CO_2 排放主要来源于煤的转化利用阶段,而多联产系统化学品运输、利用过程也是另一重要排放源,提高化学品生产、消耗链环节效率是减排的关键。

通过分析能源安全的内涵,以及石油战略储备和煤基替代燃料在能源安全中的作用,对替代燃料最优规模进行了分析。结果表明石油战略储备和替代燃料是保障能源安全的两种不同手段,其收益主要来源于在石油供应发生中断时,所避免的进口损失和 GDP 损失。建立 0.5 亿 ~ 1 亿 t 规模的替代燃料生产能力对于保障能源安全有较大的收益,是建立石油战略储备的有益补充。在进行替代燃料发展决策时,要充分考虑到未来油价的走势,并做相应的损益分析。

在上述分析的基础上,本书提出了广义和狭义的煤基多联产系统定义。广义多联产定义为:以煤气化技术(包括煤完全气化、部分气化、热解等)为"龙头",从产生的合成气来进行跨行业、跨部门的联合生产,以同时获得多种高附加值的化工产品和多种洁净的二次能源(气体燃料、液体燃料、电力等)的优化集成能源系统。狭义多联产定义为:利用已参与化工合成后的合成气发电的系统,其特征是:①只有进入化工合成反应器参与了化工合成，而其中未转换的尾气被抽出去下游发电工段参与发电的那部分合成气称为"联产合成气"。②在并联系统中，只有分流到化工合成段参与合成的那部分合成气是联产合成气，而直接通往发电工段燃烧发电的那部分合成气，不是联产合成气，其本质是电力分产。③在传统化工生产过程中，如果驰放气用于发电，其本质上也是化工-电力多联产，只不过因为发电量小，而被称为余能利用。

本书研究结果表明中国多联产系统总体上已经进入工业示范早期，技术日趋成熟，为大范围技术推广打下了良好的基础。同时，中国液体燃料高度短缺，生态环境保护形势严峻，多联产系统的发展具有广阔的空间。但是中国多联产系统发展仍面临缺乏主导设计、难以打破行业分割以及缺乏相关政策、法规支持等挑战。

中国多联产系统的未来发展应以"自主创新，重点突破；多元发展，合理布局"为指导思想。自主创新就是总体上要坚持自主开发、坚持科技创新，发展符合国情的多联产系统。尤其在系统集成上，要保证自主的知识产权，以保障多联产技术的可持续发展。重点突破就是在多联产系统的关键技术上形成突破，如高效、低成本的煤气化（热解）技术、适应燃烧合成气和富氢气体的燃气轮机技术、CO_2和其他副产品的资源化利用技术、多联产系统的集成优化和设计技术等。多元发展就是鉴于中国多联产系统尚未形成主导设计，而中国各地的资源禀赋、环境状况和市场情况不尽相同，多联产系统的发展还应有多元化的系统方案和发展模式。合理布局就是多联产的系统应因地制宜、因时制宜，通过政府、行业、企业和研究机构的充分论证，根据实际需要和资源禀赋等在重点地区布局适宜方案和规模的多联产系统的示范、推广和产业化发展。

以"一个统领，两个创新；突破三类技术，做好四个协同"为发展思路。一个统领即为以煤炭可持续发展为统领，充分利用多联产系统能效高、排放少、具有低成本捕捉CO_2的优势等优点，将其作为中国煤炭资源高效、洁净、低碳化利用的重要战略方向，大力发展。两个创新为依托多联产系统的自主技术创新，培育和发展以多联产系统为核心的新型产业，在技术创新的同时做好产业的创新。突破三类技术即在发电方面，重点突破 IGCC（integrated gasification combined cycle）以及 IGCC+CCUS 的关键技术；在化工方面，重点突破煤制油、煤制烯烃、醇醚燃料以及 CCUS（carbon capture，utilization，and sequestration）等关键技术；在系统优化和集成方面，重点突破煤基多联产、煤炭和其他能源协同利用的多联产，以及和 CCUS 的集成等方面的关键技术。四个协同为在能源资源上，做好煤炭和其他能源（可再生能源、天然气、焦炉气等）的协同利用；在能源转化上，做好化学能和物理能的协同利用；在产品生产上，做好多种产品（液体燃料、化工产品、电/热/冷、其他副产品）的协同生产，调节"峰-谷差"和优化总体经济性；在行业发展上，做好化工和电力等多部门协同合作，政府、行业、企业和研究机构的协同合作，打破行业分割和部门分割。

基于上述指导思想和发展思路，本书提出中国应在 2020 年前完成 IGCC+CCUS 的商业示范、煤化工+多联产+CCUS 的商业示范，并完成 10 套左右广义多联产系统（煤基多联产、煤和其他能源协同利用的多联产）的商业示范，基本解决工程方面的问题并验证其经济性，确立多联产系统的典型主导设计方案，为多联产系统的大范围推广奠定坚实的基础。2030 年前，完成 20 套左右多联产系统的技术推广，使其具备足够的市场竞争力，石油替代中多联产系统生产的液体燃料的规模达到 1000 万 t 以上，实现高效、环境友好的多联产系统的产业化发展。

第2章 中国油品需求现状及未来趋势分析

　　煤基液体燃料是煤基多联产系统的重要产品之一，其用途在于替代目前主要通过石油炼制得到的各类油品的消费，如汽、柴油、LPG 和石脑油等，以缓解石油安全的压力和改善油品终端利用的技术经济性和环境排放。因此，为分析我国煤基液体燃料的未来产品需求，首先需要明确我国石油基油品需求（以下简称"油品"）的现状和趋势，以及所需要的油品替代规模，这也是本章分析的主要立足点。

　　我国油品需求是一个较为复杂的问题，涉及众多种类的油品在不同部门的多种用途，还与石油炼制行业的发展以及国家层面所采取的能源安全策略等有关。本章试图从油品的资源供应、原油炼制以及终端消费的整体系统出发，分析中国油品需求的现状和未来趋势。

2.1　中国油品需求的现状分析

2.1.1　石油流向图的构建

　　为从整体物理系统的层面理解我国油品供应和消费的全景，据此分析我国油品需求的现状，可基于《中国能源统计年鉴2011》的"2010 年石油平衡表"，以及王庆一所提供的交通能源分品种、分部门的统计数据，绘制了 2010 年中国石油流向图，如图 2-1 所示。

　　成品油终端消费划分为五个环节：

　　1）原油供应环节，包括原油的生产、进口、出口、库存以及自用（能源工业的油品消费，包括能源开采、转化和分配等部门，以石油加工

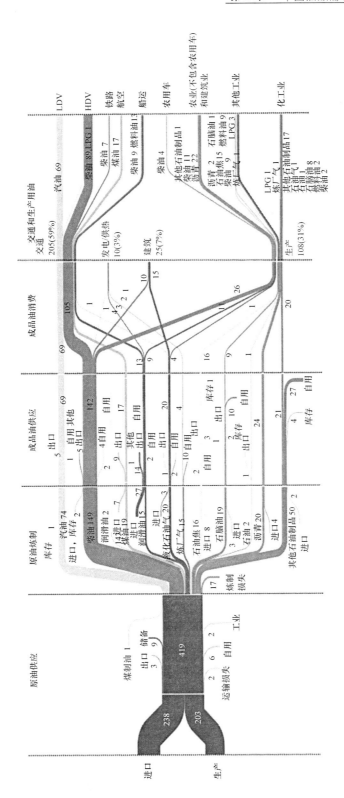

图2-1　2010年中国石油流向图(单位：Mt)

资料来源：国家统计局能源统计司和国家能源局综合司，2011；王庆一，2010

部门为主）、运输损失以及工业消费。

2）原油炼制环节，原油被炼制成为各种成品油，还有一部分为炼制损失。

3）成品油供应环节，包括各种成品油的进口、出口、库存以及自用等。

4）成品油消费环节，包括交通、发电/供热、建筑（包括石油平衡表中的服务业、生活和其他消费）和生产（工业、农业和建筑业）等成品油消费部门。

5）交通和生产部门环节，进一步展示了交通部门和生产部门成品油消费的内部结构，交通部门包括了汽油车、柴油车、LPG（液化石油气）汽车、摩托车、铁路、航空和船运等用途，生产部门则包括了农业和建筑业、化工业和其他工业等三类用途。

2.1.2　油品供需系统的主要特征和油品需求结构

从石油流向图看，我国油品供需系统的主要特征和油品需求的结构特点可总结如下：

1）原油高度依赖进口。2010 年自产原油 2.03 亿 t，而进口原油规模达到了 2.38 亿 t，中国神华集团煤直接液化项目的产能为 100 万 t。

2）成品油主要由国内炼厂提供。2010 年原油炼制得到的成品油为 4.19 亿 t，而总计进口的成品油仅为 0.57 亿 t。

3）成品油消费以交通部门为主，尤其是以道路交通为主。2010 年油品消费总量（含原油消费，并包括油品的损失和自用）为 4.42 亿 t，成品油消费为 3.55 亿 t。其中，交通部门消费了成品油 2.05 亿 t，占油品消费总量的 46%，占成品油消费总量的 59%。其中，道路交通，包括汽油车、摩托车、LPG 汽车和柴油车，占交通部门成品油消费量的 78%。

4）汽、柴油消费以道路交通为主，而道路交通柴油消费大于汽油消费。从汽、柴油的消费看，几乎 100% 的汽油都用于道路交通。而柴油用途相对较为广泛，仅 62% 用于道路交通。道路交通共消费柴油 0.89 亿 t，消费汽油 0.69 亿 t，柴油用量大于汽油。

5）生产部门是成品油消费的第二大部门，主要是其他石油制品的消费。2010 年，生产部门成品油消费总量为 1.08 亿 t，油品消费量为 1.10 亿 t（加上原油消费），占成品油消费总量的 31%、油品消费总量的 25%。而在生产部门中：17% 的成品油消费为其他石油制品消费，其中94% 的其他石油制品消费又来自于化工业；此外，农业和建筑业的柴油消费量相对较大，建筑业还消费了 6% 的其他石油制品；而在其他工业部门中，建材业（非金属矿物制品业）的成品油消费量最大，主要消费燃料油和柴油。

6）油品自用规模较大，其中主要是石油加工业中的其他石油制品消费。2010 年，能源行业的油品自用总量达到 0.67 亿 t，占油品消费量的 15%。其中，84% 的石油自用来自石油加工、炼焦和核燃料加工业，而该行业其他石油制品的消费占其成品油消费总量的 46%。其中又以石油加工业为主。而石油加工业的油品自用不仅包括石油炼制过程的燃料和原料消耗，也包括了石油炼制环节化工生产的原料消耗，如石脑油和部分烷烃等。

2.1.3　油品需求的历史变化趋势

上述对我国石油流向的分析表明，我国油品需求的结构较为复杂，涉及众多部门的需求和多种油品的需求。而采用与绘制图 2-1 时类似的计算办法，可将总的油品需求分为 10 类：损失、自用、发电/供热、农业、工业、建筑业、交通、服务业、生活消费、其他消费。依据历史数据，可得到 2000 年、2003 年、2005 年、2007 年和 2009 年我国油品的消费构成情况，如表 2-1 所示。

（1）油品需求变化的驱动因素

依据表 2-1 的结果，2000～2009 年我国油品需求变化的主要驱动因素可总结如下：

表 2-1 中国分部门油品消费构成①

石油油消费项目	2000年		2003年②		2005年④		2007年		2009年②		2000~2009年	
	消费量/亿t	占比/%	消费量/亿t	占比/%	消费量/亿t	占比/%	消费量/亿t	占比/%	消费量/亿t	占比/%	总增长量/亿t	贡献率⑤/%
损失	0.091	4	0.113	4	0.132	4	0.148	4	0.181	5	0.089	6
自用	0.425	19	0.519	19	0.582	18	0.634	17	0.665	17	0.24	15
发电/供热	0.16	7	0.191	7	0.201	6	0.131	4	0.088	2	-0.072	-5
农业	0.07	3	0.094	3	0.129	4	0.123	3	0.114	3	0.044	3
农用车	—	—	0.110①	—	0.100②	78③	—	74③	—	58③	—	—
工业	0.368	16	0.418	15	0.443	14	0.505	14	0.527	14	0.158	10
化工	0.151	41③	0.2	48③	0.222	50③	0.274	54③	0.268	51③	0.117	74③
建材	0.078	21③	0.068	16③	0.078	18③	0.084	17③	0.073	14③	-0.005	-3③
建筑业	0.065	3	0.097	4	0.12	4	0.149	4	0.156	4	0.091	6
交通	0.893	40	1.085	40	1.421	44	1.706	47	1.846	48	0.953	60
汽油车	0.334	37③	0.392	36③	0.474	33③	0.539	32③	0.606	33③	0.272	29③
柴油车	0.346	39③	0.434	40③	0.6	42③	0.721	42③	0.838	45③	0.492	52③
铁路	0.027	3③	0.033	3③	0.046	3③	0.056	3③	0.061	3③	0.034	4③
航空	0.054	6③	0.074	7③	0.095	7③	0.113	7③	0.131	7③	0.078	8③
船运	0.133	15③	0.151	14③	0.206	14③	0.272	16③	0.21	12③	0.077	8③
服务业	0.015	1	0.016	1	0.021	1	0.025	1	0.023	1	0.008	0
生活消费	0.094	4	0.116	4	0.137	4	0.168	5	0.155	4	0.061	4
城市	0.078	83③	0.098	85③	0.108	79③	0.131	78③	0.117	76③	0.039	64③
农村	0.016	17③	0.018	15③	0.029	21③	0.037	22③	0.038	24③	0.022	36③
其他消费	0.062	3	0.06	2	0.066	2	0.074	2	0.085	2	0.023	1
总计⑥	2.243	100	2.709	100	3.252	100	3.663	100	3.838	100	1.594	100

注：①该统计数据高于农业的柴油消费总量，有待进一步考证。2009年农业用车柴油消费按2008年数据估计。

②由2003年（约0.110亿t）和2009年（约0.090亿t）的数据进行线性插值得到。

③数据为该部门内部的构成比例。

④由于缺乏统计数据，2005年以前的交通柴油消费构成按2007年的比例计算。2008年摩托车汽油消费0.018亿t，其他年份缺乏统计数据。

⑤各部门对消费总增长（或上级部门门的增长）的贡献率。

⑥由于数据的四舍五入，各项数据加和不全等于100。

资料来源：国家统计局能源统计司和国家能源局综合司，2010，2011；王庆一，2006，2010

1）交通部门是油品消费增长的主要驱动力。2000～2009年，交通部门占油品消费总量的占比从40%增加到了48%，其消费增长占期间油品消费总增长量的60%。

2）道路交通，尤其是车用柴油的消费，是交通部门油品消费增长的主要驱动力。从交通部门的内部消费构成看，车用柴油消费的增长占期间交通部门油品消费总增长量的51.6%；其次是车用汽油的消费增长，占28.5%；航空煤油和铁路柴油的消费也持续增长，总计占11.8%；船运的柴油和燃料油消费增长占8.1%，然而2007年后出现了负增长。

3）油品自用量和损失量持续提高，对推动油品消费总量的增长起到了重要的作用。2000～2009年，油品自用和损失量占油品消费总量的比重稳定在22%左右，其总计消费增长占期间油品消费总增长量的21%，对需求的推动作用仅次于交通部门。主要原因可以归结为石油行业自身化工原料需求的增长，以及原油炼制和运输规模的不断扩大导致的炼制消耗和石油损失量增加。与此同时，我国能源消费总量接近10%的年均增长，也推动了其他能源部门油品自用的快速增长。

4）工业部门油品消费量稳步增长，对油品需求的推动作用居第三位，主要是由于其他石油制品的消费所导致。2000～2009年，工业部门占油品消费总量的比例稳定在14%～16%，其消费增长占期间油品消费总增长量的10%。其中，主要消耗其他石油制品的化工部门占到了工业油品消费总量的一半左右。在其他高耗能工业中，以建材行业为代表，油品消费总体呈现下降趋势。总体来看，其他工业部门的油品需求较易于被替代，因为对供热、供蒸汽等工业油品消费用途来说，存在众多替代能源可供选择，如煤炭、天然气和电力等。

5）建筑业的油品消费增长较为显著，也是一个不能被忽略的石油消费驱动因素。虽然建筑业仅占我国油品消费总量3%～4%，然而其消费增长占到了2000～2009年油品消费总增长量的6%。建筑业主要消费是其他石油制品，同时也有一些柴油消耗。

6）农业、商业、生活和其他消费部门的油品消费规模也有一定增长。

这些部门占石油消费总量比例较为稳定，总计 10% 左右，其消费增长占 2000～2009 年油品消费总增长量的 8%。这些部门主要消费液化石油气和柴油。农村液化石油气的需求总量虽然小于城市，但增长速度更快。此外，农用车的柴油消费在持续下降，农业机械柴油消费持续上升。

7）发电/供热是唯一的油品消费量持续下降的部门。主要原因是政策上对油品用于发电/供热的限制以及技术性能相对较差。众多其他发电能源，如煤电、风电、水电等，均在经济性或者环保性能方面优于油品发电。然而，由于存在调峰以及应急发电等方面的油品需求，我国的燃油发电/供热也不太可能被完全替代（Leung，2010）。

（2）柴油消费增长显著

从分品种的油品终端消费构成看（表 2-2），2000～2009 年我国柴油消费的增长最为显著，占期间油品（包含原油）终端消费总量的 44.6%。近年来我国柴油消费的急剧增长，主要原因是柴油的用途较为广泛，而多个部门的柴油需求同时出现了增长，导致总需求量巨大。具体原因可归纳为以下几点：

1）工业化加速发展、基础设施建设规模巨大，导致货物运输的巨大需求。因此，道路、铁路和船运的货物运输所需的柴油消费急剧增长。这是最主要的原因。

2）城市化、机动化的加速发展，铁路和公交汽车等大容量旅客运输的需求增加，导致客运的柴油消费快速增长。

3）高耗能工业产能扩张，导致柴油需求量上升。虽然会逐步得到替代，但就当前来说，柴油仍然是高耗能工业所需的重要能源品种之一。

4）军事柴油消耗的增长。虽然缺乏统计，但其他消费中柴油消费的增长，估计有一部分来自于军事部门。

5）建筑业所需的机械动力柴油的需求也有一定增长。

6）生活、商业等部门对分布式发电/供热以及应急能源的需求增长。

表 2-2　中国分品种石油终端消费构成

年份	原油/万 t	柴油/万 t	汽油/万 t	煤油/万 t	液化石油气/万 t	燃料油/万 t	炼厂气/万 t	其他石油制品/万 t	总计/万 t
2000	640	6 580	3 500	870	1 390	2 740	560	3 670	19 950
2001	650	6 920	3 600	890	1 410	2 690	560	3 690	20 410
2002	680	7 440	3 750	920	1 620	2 680	570	4 330	21 990
2003	810	8 140	4 070	920	1 790	2 880	590	4 860	24 060
2004	840	9 560	4 700	1 060	2 010	3 130	670	6 100	28 070
2005	870	10 610	4 850	1 080	2 040	2 950	790	6 000	29 190
2006	980	11 520	5 240	1 120	2 200	3 270	820	6 460	31 610
2007	980	12 270	5 520	1 240	2 320	3 460	870	7 200	33 860
2008	1 190	13 350	6 150	1 290	2 110	2 760	880	6 970	34 700
2009	830	13 600	6 170	1 440	2 150	2 530	930	8 030	35 680
总增长	190	7 020	2 670	570	760	−210	370	4 360	15 730
贡献率/%	1.21	44.63	16.97	3.62	4.83	−1.33	2.35	27.72	100.00

注：此表中，石油的自用并没有被划分出来，因此终端消费量会略高于此前的图表，尤其是自用较多的炼厂气和其他石油制品。

资料来源：国家统计局能源统计司和国家能源局综合司，2010，2011

2.2　中国油品需求的未来趋势分析

2.2.1　对中国未来油品供需形势的分析和判断

（1）国内原油产量

2009 年，我国探明石油储量仅为 20 亿 t，储采比仅为 10.7（BP，2010）。基于石油峰值理论，国内外学者相继提出了众多峰值预测模型，并用于预测中国原油的储量/产量。其中，使用较为广泛的包括 Hubbert 模型、翁氏（Weng）模型、胡-陈-张（HCZ）模型等。冯连勇等（2007）对比了以上三类模型的预测结果，结论是采用模型预测得到的结果总体偏于悲观，预计相应的石油峰值最晚也将在 2020 年以前到来。而冯连勇等最近的研究结果认为，如果不考虑技术进步，中国石油的峰值可能在2011年就提前到来（Feng et al.，2008）。

然而，上述研究普遍对石油勘探开发的技术进步、新增常规资源储量的潜力和非常规资源发展潜力缺乏足够的考虑。虽然我国的一些传统主力油田，如大庆油田，可能由于储量耗竭而出现原油产量的持续下降（Tang et al.，2010）。然而，综合考虑未来新油田的勘探开发、石油开采技术进步以及非常规石油资源的开采等方面的潜力，此前学者所预测的2020年前可能出现的石油峰值，很可能将被较大幅度地推迟。在中国工程院于2003年组织并完成的"中国可持续发展油气资源战略研究"及后续课题中，相关学者结合模型预测和实证校验方法，预测了我国原油年产量的变化趋势，研究结果显示：我国原油高峰年产量在1.8亿~2.0亿t，目前已经进入产量高峰期，并可能延续至2035年以后。中国工程院最近的研究则认为这一产量可以一直延续到2050年（中国工程院，2011a）。

国外的研究则较大程度地受到国内研究进展的影响。IEA在2007年的预测表明，中国的原油年产量峰值约计1.94亿t，大约出现在2015年之前，之后原油年产量会以较快速度下降，2030年将跌至1.3亿t左右（IEA，2007）；根据最新的石油资源评估情况，IEA调整了对中国原油年产量的预期：新数据显示2030年中国的原油年产量仍将保持在约2亿t的水平（IEA，2008）。

根据2007年公布的国土资源部组织完成的新一轮全国油气资源评价①结果，我国最终可采常规石油资源量为212亿t（图2-2），也就是目前仅探明了其中约1/10。此外，非常规的油页岩和油砂的最终可采资源量估计为120亿t和23亿t，可以作为常规资源的补充。总体来看，我国石油的资源勘探和生产已经进入稳步增长期，2030年前原油产量有望稳定在2亿

---

① 参见新华网关于新一轮全国油气资源评价项目成果的报道：http：//news. xinhuanet. com/newscenter/2008-08/18/content_ 9480784. htm。

t。因此，可以初步认为：2050 年前将国内原油产量控制在 1.8 亿～2.0 亿 t 既是一个把握性较高，又是较长时间内可以稳定保持的目标。

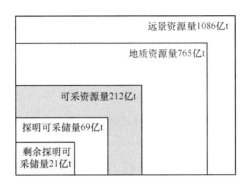

图 2-2　国土资源部统计的中国石油资源量和储量概况

然而，这一论断必须建立在保证国内原油产量稳定在 1.8 亿～2.0 亿 t 这一基本策略的基础上。如果近期内过度增加原油产量，我国的石油峰值很可能会提前出现。在 2010 年，国内原油产量已经首次突破了 2 亿 t。

（2）石油进口和战略储备

从全球范围看，根据 BP（英国石油）的统计，全球探明石油储量（常规石油，包括天然气液和加拿大油砂）在过去十多年内持续增长，2009 年达到 1817 亿 t（BP，2010）。而石油和天然气杂志 2009 年中底公布的全球石油探明储量的数据更高，为 1847 亿 t（IEA，2010b）。据 IEA 估计，全球常规石油的最终可采储量为 4880 亿 t，也就是目前仅探明了其中约 1/3（IEA，2008a）。若进一步计入勘探开采技术的进步和非常规资源，全球石油的最终可采储量可能高达 8870 亿 t。

虽然全球石油资源依然丰富，短期内不太可能出现石油峰值（根据石油峰值理论，当已开采的资源量超过 1/2 时，石油产量将迅速下降）。但问题在于，世界石油资源的地域分布严重不均衡。大约 57% 的探明石油资源集中在中东地区，而北美、欧洲和亚太等主要石油消费地区的资源较为缺乏（BP，2010）。全球石油供应对局部地区，尤其是中东石油出口的高度依赖，可以说是历次世界石油危机和油价波动的根本原因之一。其次，随着易开采的常规石油资源量逐步减少，越来越多的石油将来自成本较高的强化石油开采（enhance oil recovery，EOR）和深海石油等，这将导致石油开采成本的逐步增加（IEA，2008b），并将驱动长期油价上升。因此，对世界石油的前景而言，未来供需格局和开采成本可能是比资源总量更加关键的因素。

全球石油资源和石油消费的地域分布严重不均衡，导致了规模巨大且持续增长的国际石油贸易。2009 年，全球石油贸易量（包括原油和成品油贸易）高达 26.1 亿 t。而同期世界石油消费总量仅为 38.8 亿 t。目前，世界主要石油出口地区是中东、俄罗斯、西非等，主要石油进口地区是美国、欧洲、日本和中国等。

1993 年，我国首次成为石油的净进口国，此后石油进口量持续增加（表 2-3）。1995～2009 年，我国原油产量仅增加了 0.394 亿 t，石油进口量则增加了 2.197 亿 t，石油对外依存度从 6.6% 增加到了 50.7%。2009 年，我国石油进口占全球石油贸易量的 10%，仅次于欧洲（26%）和美国（22%）（BP，2010）。

表 2-3　1995～2009 年中国石油的产量、进出口、库存以及消费量

年份	产量/亿 t	进口/亿 t	出口/亿 t	库存[①]/亿 t	消费[②]/亿 t	对外依存度/%
1995	1.501	0.367	0.245	0.015	1.607	6.60
1996	1.573	0.454	0.27	-0.007	1.764	10.80
1997	1.607	0.66	0.282	0.045	1.941	17.20
1998	1.61	0.574	0.233	-0.022	1.974	18.40
1999	1.6	0.648	0.164	-0.012	2.096	23.70
2000	1.63	0.975	0.217	0.124	2.263	28.00
2001	1.64	0.912	0.205	0.026	2.32	29.30
2002	1.67	1.027	0.214	-0.009	2.493	33.00
2003	1.696	1.319	0.254	0.007	2.754	38.40
2004	1.759	1.729	0.224	0.052	3.212	45.20
2005	1.814	1.716	0.289	-0.013	3.254	44.30
2006	1.848	1.945	0.263	0.037	3.493	47.10

年份	产量/亿 t	进口/亿 t	出口/亿 t	库存[①]/亿 t	消费[②]/亿 t	对外依存度/%
2007	1.863	2.114	0.266	0.046	3.665	49.20
2008	1.904	2.302	0.295	0.18	3.732	49.00
2009	1.895	2.564	0.392	0.221	3.846	50.70
总增长	0.394	2.197	0.147	0.206	2.239	44.10

注：①数据为正表示库存增加，为负表示库存减少。

②由表中数据计算得到，和石油消费量的统计数据会有统计上的偏差。

资料来源：国家统计局能源统计司和国家能源局综合司，2011

　　我国的石油进口高度依赖于中东和西非等地区，并以原油进口为主。然而与 2008 年相比，2009 年我国从俄罗斯、亚太和北非等其他地区的石油进口相比略有增加，如图 2-3 所示。而 2009 年我国石油进口中原油的占比从 2008 年的 82% 降低到了 80%。这都显示了为保障能源安全，我国的石油进口的来源和品种都在趋向于多元化。

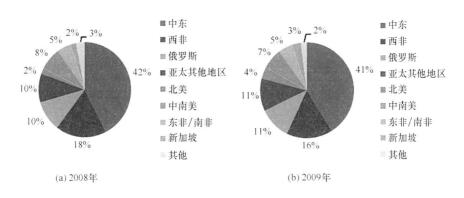

图 2-3　2008～2009 年中国石油进口的主要国家来源

资料来源：BP，2009，2010

　　建立石油战略储备是石油进口国保障能源安全的基本措施之一。2004 年，我国提出了分三个阶段建立国家石油战略储备（以原油为主）的规划。第一阶段在大连、黄岛、镇海和舟山四个滨海城市分别建立石油战略储备基地的计划，已在 2008 年顺利完成。第二阶段的建设也已经启动。总体项目预计于 2020 年结束，目标是建成 0.85 亿 t 的石油战略储备，以提供足够 100 天的石油消费，略高于 IEA 国家 90 天石油战略储备的标准。如表 2-3 所示，2006 年后我国的石油库存快速增长。据国家能源局统计，2010 年已建立的国家石油战略储备的规模已经达到了 0.23 亿 t。

此外，国务院 2009 年 5 月出台的《石化产业振兴规划细则》中，明确提出了要抓住当前有利时机增加成品油的国家储备。国家物资储备局原有 10 个成品油主要代储点，大部分分布在我国的东部和中部。我国增加成品油储备网点的计划酝酿已久，部分储备库的建设工作已经开始。云南将在滇南和滇西建设成品油储备库，四川也有建设成品油储备库的计划。

（3）石油炼制规模和技术

我国石油炼制行业具有原油加工能力（炼油规模）总量规模大而单套装置规模较小的特点。2000~2009 年，我国的炼油规模从 2.69 亿 t/a 增加到了 4.18 亿 t/a，年均增长 0.18 亿 t/a。仅 2009 年一年就增加了 0.41 亿 t/a（BP，2010）。2009 年我国炼油规模占全球的 9.5%，仅次于美国（占 19.5%）。按石油公司的炼油总规模排名，中石化和中石油分别居世界第 3 位和第 9 位，在亚洲则位居前列。

装置规模化、大型化已经成为全球原油炼制行业的发展趋势。世界新建炼厂的规模一般在 1000 万 t/a 以上。2009 年，全球原油炼制业的单厂平均规模为 657 万 t/a（True and Koottungal，2009）。近年来，中石化和中石油的炼油单套装置规模也不断得到提高，2009 年分别达到 570 万 t/a 和 540 万 t/a，但总体上仍落后于世界平均水平。而除中石化、中石油炼厂以及十大地方炼厂之外，我国还有大量炼油规模在 100 万 t/a 以下、技术相对落后的小型炼厂（中国石油化工新闻，2010）。截止到 2009 年，我国最大的炼厂是中石化下属的镇海炼厂，规模为 2000 万 t/a，全球排名仅 19 位，即使在亚洲地区也落后于韩国和印度等国的大型炼厂。

在原油炼制装置的技术配置方面，与世界原油炼制加工过程容量①的平均水平对比，我国催化裂化②的容量比重较高，这一特征与美国相似；加氢裂化③的容量比重也高于同期世界平均水平；而催化重整④与加氢精制⑤等过程的容量比重明显落后于世界平均水平（段新琪，2007）。这与我国石油炼制行业的历史沿革有关。传统上，我国炼厂的装置主要是针对国内生产的低硫、重质原油进行配置，并不重视清洁的交通液体燃料（如低硫汽、柴油）的生产。因此，我国炼厂的技术配置特点是催化裂化比重高，而催化重整比例低。近年来，为适应大量中硫、高硫的进口原油，以及不断增长的清洁交通液体燃料的需求，我国炼厂在扩张规模的过程中，开始逐步引入催化裂化、加氢裂化和焦化等方面的先进技术。然而，提高油品质量和脱除杂质（如脱硫）所需的加氢处理和加氢精制等技术的应用则相对缓慢。为适应原料和油品需求的变化，我国炼厂还应持续改善技术配置，重视轻质、清洁的液体燃料的生产，并不断努力降低单位产出的原油消耗量（Walls，2010）。

我国炼厂的技术配置目前面临的一个突出问题是柴汽比的限制。近年来由于柴油需求旺盛，导致需求侧柴汽比迅速提高。2005 年以后，需求侧柴汽比达到 2.2 以上（图 2-4）。从原油炼制环节提高供应侧的柴汽比是匹配需求侧柴汽比变动的重要途径之一，然而国内却面临一定的障碍。因为炼厂的设计与建设都是针对特定的原油品种以及特定产品类型（如当时的需求侧柴汽比），一旦建成并投产，其柴汽比的调节范围就相

---

① 某炼油加工过程的容量比重是指该加工过程容量占常压蒸馏容量的比重。
② 催化裂化是在热和催化剂的作用下使重质油发生裂化反应，转变为裂化气、汽油和柴油等的过程，它是石油炼厂从重质油生产汽油的主要过程之一。
③ 加氢裂化是在加热、高氢压和催化剂存在的条件下，使重质油发生裂化反应，转化为气体、汽油、喷气燃料、柴油等的过程。加氢裂化原料通常为原油蒸馏所得到的重质馏分油，也可为渣油。其主要特点是生产灵活性大，产品产率可以用不同操作条件控制。设备投资和加工费用高，应用不如催化裂化广泛。
④ 催化重整是指在加热、氢压和催化剂存在的条件下，使原油蒸馏所得的轻汽油馏分（或石脑油）转变成富含芳烃的高辛烷值汽油（重整汽油），并副产液化石油气和氢气的过程。催化重整是提高汽油质量和生产石油化工原料的重要手段，是现代石油炼厂和石油化工联合企业中最常见的装置之一。
⑤ 石油产品最重要的精制方法之一。指在氢压和催化剂存在下，使油品中的硫、氧、氮等有害杂质转变为相应的硫化氢、水、氨而除去，并使烯烃和二烯烃加氢饱和、芳烃部分加氢饱和，以改善油品的质量。有时，加氢精制指轻质油品的精制改质，而加氢处理指重质油品的精制脱硫。

当有限。

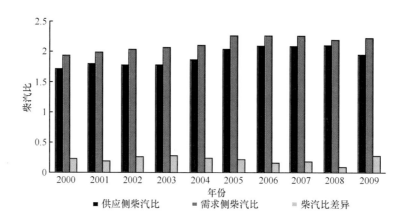

图 2-4　我国供应侧与需求侧柴汽比的比较（2000～2009 年）

资料来源：国家统计局能源统计司和国家能源局综合司，2010，2011

在炼厂原料确定的情况下，采用加氢裂化和流化催化裂化等二次加工过程可以在一定程度上调节产出中的柴汽比。而从国际经验来看，加氢裂化具有更宽的调节范围，而流化催化裂化则更适合提高汽油的产出比例。欧洲炼厂的裂化处理以加氢裂化为主，通过高压加氢裂化装置增加柴油产量；美国炼厂主要是采用中低压加氢裂化，能够同时提高汽油产量和柴油质量；而在中国，炼厂主要使用流化催化裂化装置对常减压蒸馏后的较重的馏分进行进一步处理。虽然通过对催化剂的改良和相关技术创新的应用，我国也实现了很高的供应侧柴汽比，甚至超过了欧洲，如图 2-5 所示。然而，考虑到工艺过程的固有特性，2.1 左右的柴汽比已经接近我国炼厂目前以常减压、催化裂化为主，而加氢能力不足的技术配置所能达到的极限（孙仁金，2009）。

因此，其结果是近年来我国供应侧柴汽比与需求侧柴汽比之间出现了一定的矛盾，并导致了汽油生产过剩并用于出口（表 2-4）。与此同时，我国炼厂也显著降低了燃料油的产出（表 2-5），导致了大量的燃料油进口，而炼油损失和其他石油制品的产出也有所提高。从交通液体燃料的产出看，2009 年我国炼厂气、柴油的产出率、交通液体燃料（汽、柴、煤油）的产出率仅分别为 58.2% 和 62.2%，而 2009 年欧洲分别为 59.9% 和

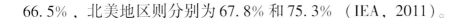

66.5%，北美地区则分别为 67.8% 和 75.3%（IEA，2011）。

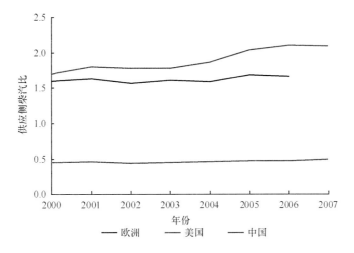

图 2-5　欧洲、美国和中国供应侧柴汽比的比较

资料来源：EIA，2010；国家统计局能源统计司和国家能源局综合司，2010

表 2-4　中国汽、柴油的进出口情况（2000～2009 年）　　　　（单位：万 t）

进出口项目	2000 年	2001 年	2002 年	2003 年	2004 年	2005 年	2006 年	2007 年	2008 年	2009 年
柴油进口	52	55	79	112	304	61	81	174	633	193
柴油出口	78	47	145	244	87	171	103	93	89	479
柴油净进口	-26	8	-66	-132	217	-110	-22	81	544	-286
汽油进口	0	0	0	0	0	0	6	23	199	4
汽油出口	468	586	630	754	541	560	351	464	203	492
汽油净出口	468	586	630	754	541	560	345	441	4	488

资料来源：国家统计局能源统计司和国家能源局综合司，2010，2011

表 2-5　2000～2009 年中国原油炼制的投入和产出情况

年份	原油投入量/亿 t	损失[①]/%	汽油/%	煤油/%	柴油/%	燃料油/%	液化石油气/%	炼厂气/%	其他石油制品/%
2000	2.031	3.60	20.40	4.30	34.90	10.10	4.50	3.40	18.80
2001	2.041	3.00	20.40	3.90	36.70	9.10	4.70	3.30	18.90
2002	2.158	4.10	20.00	3.80	35.70	8.60	4.80	3.20	19.80
2003	2.384	4.10	20.10	3.60	35.80	8.40	5.10	3.00	19.90
2004	2.774	4.30	19.00	3.50	35.50	7.30	5.10	3.00	22.30
2005	2.904	4.00	18.70	3.50	38.20	6.10	4.90	3.10	21.50

年份	原油投入量/亿 t	损失[①]/%	汽油/%	煤油/%	柴油/%	燃料油/%	液化石油气/%	炼厂气/%	其他石油制品/%
2006	3.105	4.10	18.00	3.10	37.90	5.70	5.60	3.20	22.40
2007	3.283	3.90	18.00	3.50	37.60	6.00	5.90	3.10	22.00
2008	3.41	4.00	18.60	3.40	39.30	5.10	5.60	3.20	20.80
2009	3.711	4.40	19.70	4.00	38.50	3.60	4.90	3.20	21.70

注：①包括原油运输损失和原油炼制损失两部分。

资料来源：国家统计局能源统计司和国家能源局综合司，2010，2011

（4）石油需求总量和构成

我国已经成为仅次于美国的全球第二大石油消费国。2000～2009 年，我国石油消费总量从 2.26 亿 t 增至 2009 年的 3.85 亿 t，年均增长 6.1%，2009 年占到了世界石油总消费量的 10.4%[①]左右（美国 21.7%）。然而，我国人均石油年消费仅约 0.3t，只有世界平均水平的一半左右，落后于石油消费总量超过 1 亿 t 的绝大多数国家（图 2-6）。

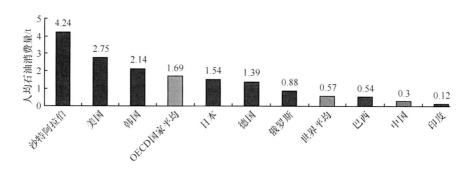

图 2-6　我国的人均石油消费量与国际比较（2009 年）

资料来源：石油数据，BP，2010；人口数据，Population Reference Bureau，2010

由于石油存在被其他液体燃料替代的可能性，因此对石油需求的研究中，有一些研究称其为液体燃料需求。但预测结果一般都表达为所需的石

---

① 根据英国石油公司公布的世界能源统计数据，2009 年中国石油消费量为 4.046 亿 t，略高于《中国能源统计年鉴 2010》的 3.846 亿 t 的统计数据。

油的一次能源的数量。一些国外主流研究机构，如 IEA（国际能源署）、OPEC（石油出口国组织）和 EIA（美国能源信息局），在 2009 年和 2010 年对我国石油/液体燃料需求预测的结果如表 2-6 所示。总体来看，OPEC 的预测结果偏高，IEA 的结果偏低，而 EIA 的结果介于两者之间。

表 2-6　多家机构对中国液体燃料需求量预测的结果比较　　　（单位：亿 t）

研究机构	2010 年	2015 年	2020 年	2025 年	2030 年	2035 年
OPEC，2009	4.13	5.18	6.12	7.02	7.92	—
IEA，2009b	—	4.90	5.57	6.46	7.58	
EIA，2009	4.23	4.98	6.02	6.87	7.62	
平均取值	—	5.0	5.9	6.8	7.7	
OPEC，2010	4.33	5.43	6.52	7.47	8.32	
IEA，2010b		5.28	5.83	6.47	7.12	7.62
EIA，2010		5.15	5.98	6.99	7.93	8.73
平均取值	—	5.3	6.1	7.0	7.8	—

注：表中摘录的结果均系参考情景。

相比 2009 年，2010 年 OPEC 和 EIA 对中国的需求预测结果有所提高，而 IEA（新政策情景）则更趋于保守，主要是考虑了气候变化政策的影响。而 EIA 的研究则认为国际油价的不确定性将会对我国未来石油需求产生重大影响。

但也有西方学者认为，以上这些预测结果仍偏于保守。例如，Nel 和 Cooper（2008）根据国际经验，绘制了中国人均石油需求的最小增长曲线，并基于 IEA《世界能源展望 2006》的 GDP 和人口预测等数据，与其石油需求的预测结果进行了对比。结果表明，按其最小增长曲线计算，2030 年中国石油需求将可能高达 14.3 亿 t。

由于受到能源安全忧虑等因素的影响，国内的石油需求预测结果趋于保守。近期中国工程院关于国家中长期能源战略的研究中，提出了有可能将我国石油需求控制在 2020 年 5 亿~6 亿 t，2030 年 6 亿~7 亿 t，2050 年 7 亿~8 亿 t（中国工程院，2011a）。

而国外研究普遍认为，交通部门（尤其是道路交通）燃料需求的快速增长将是驱动液体燃料需求增长的主导性因素，而未来的柴油需求量将大于汽油。以 IEA 和 EIA 为例（IEA，2009b；EIA，2010），其研究结果显示：2007～2030 年中国的液体燃料需求增量约有 80% 是由交通燃料需求增长所导致的。而 IEA 早先针对中国的专项研究表明：中国乘用车和货运车保有量的快速增长是刺激交通部门燃料需求快速增加的主要原因（IEA，2007）。而 CERA（剑桥能源研究所）2008 年针对中国的研究分析也表明：中国未来柴油需求量的增长速度将明显快于汽油，预计 2030 年中国需求侧的柴汽比将达到 3.9。

此外，众多学者专门对中国未来道路交通石油需求进行了研究，但研究结果彼此相差巨大，主要原因是不同研究对于机动车保有量和使用情况、燃油经济性和替代燃料发展的设定不同。贺克斌等对 2030 年前中国道路交通的石油消费和温室气体排放进行了情景分析（He et al.，2005）。结果表明，中国道路交通的石油消费将持续快速增长，而改善机动车的燃油经济性对于节油和减排 CO_2 至关重要。通过改善燃油经济性，2030 年中国道路交通的石油消费可从 3.6 亿 t 削减至 2.8 亿 t。Wang 等（2010）则估计通过执行其所建议的第 3 阶段的燃油经济性标准，即 2015 年中国乘用车燃油经济性达到 7L/km，2020 年前可节约 0.392 亿 t 石油。

Zhang 等（2010b）的研究则认为发展生物液体燃料可以进一步极大地节约道路交通的石油消耗：在目前趋势发展的 BAU（buisiness as usual）情景下，2030 年道路交通的石油消费将达到 9.92 亿 t；通过推广生物乙醇汽油，可节约 3.92 亿 t；通过改善燃油经济性，可节约 1.35 亿 t；通过发展生物柴油，可以节约 2.04 亿 toe（toe 为吨标准油）。而欧训民等（Ou et al.，2010）设计了 2050 年前中国道路交通石油消费的 6 种情景，其中进一步考虑了煤基燃料、电动汽车和二氧化碳捕获和埋存（carbon capture and sequestration，CCS）等节油、减排的技术措施。其研究结果认为：2050 年 BAU 情景的道路交通石油消费为 4.12 亿 toe，而若有机结合各种替代情景各自的优点，可最多将道路交通石油消费降低到 1.65 亿 toe。

2.2.2　2030 年油品需求的多情景分析

从上述我国油品供需系统的发展现状和趋势看，若延续目前趋势，液体燃料需求势必持续快速增长。由于国内原油增产较为困难，这将导致原油进口量持续扩大，能源安全风险日益增加。因此，我国未来很可能将对石油消费总量进行控制，如控制在 6 亿 ~ 7 亿 t（中国工程院，2011a），以保障能源安全。为此，我国也面临节油策略上的选择，这也将对车用汽、柴油的消费量产生重要的影响。

以下将基于分部门、分品种的石油消费预测方法，结合 2030 年前几个可能出现的情景进行分析和讨论。

1）参考情景：延续 2000 ~ 2009 年的历史趋势线性增长的情景。

2）新政策情景：控制石油需求总量 7 亿 t，并主要强化非交通部门的节油。

3）替代情景：在政策情景基础上，进一步强化交通部门的节油和各种替代燃料发展，进一步将油品需求总量削减到 6 亿 t。

2.2.2.1　参考情景

简单假设 2010 ~ 2030 年分部门、分品种的油品需求按 2000 ~ 2009 年的增幅增长（出现负增长的外推到直至消费量为零），即可得到按历史趋势线性外推的参考情景的 2020 年、2030 年油品消费总量和构成情况，如表 2-7 和表 2-8 所示。

表 2-7　参考情景下 2020 年中国分部门、分品种油品需求　　　（单位：万 t）

部门	原油	汽油	煤油	柴油	燃料油	液化气	炼厂气	其他石油制品	油品合计
损失	2 910	—	—	—	—	—	—	—	2 910
自用	750	—	—	190	—	50	1 350	7 420	9 760
发电	—	—	—	60	—	0	380	370	810
农业	—	—	—	1 670	—	10	—	—	1 680
工业	340	30	—	1 890	640	490	40	3 780	7 210

部门	原油	汽油	煤油	柴油	燃料油	液化气	炼厂气	其他石油制品	油品合计
建筑业	—	20	20	440	30	—	—	2 160	2 670
交通	—	9 380	2 270	16 640	1 740	100	—	—	30 130
商业	—	10	50	190		70	—	—	320
生活	—	—	—	60	—	2 270	—	—	2 330
其他	—	—	—	1 130	—	80	—	30	1 240
部门合计	4 000	9 440	2 340	22 270	2 410	3 070	1 770	13 760	59 060

表 2-8　参考情景下 2030 年中国分部门、分品种油品需求量　　（单位：万 t）

部门	原油	汽油	煤油	柴油	燃料油	液化气	炼厂气	其他石油制品	油品合计
损失	3 910	—	—	—	—	—	—	—	3 910
自用	860	—	—	80	—	—	1 800	10 140	12 880
发电	—	—	—	—	—	—	510	530	1 040
农业	—	—	—	2 150	—	10	—	—	2 160
工业	460	40	—	2 480	310	640	—	5 070	9 000
建筑业	—	30	30	590	40	—	—	3 000	3 690
交通	—	12 400	3 130	22 880	2 190	150	—	—	40 750
商业	—	20	60	250		80	—	—	410
生活	—	—	—	90	—	2 990	—	—	3 080
其他	—	—	—	1 480	—	110	—	50	1 640
部门合计	5 230	12 490	3 220	30 000	2 540	3 980	2 310	18 790	78 560

在参考情景下，2020 年我国油品消费总量将达到 5.91 亿 t，2030 年达到 7.86 亿 t。2009 ~ 2030 年的新增油品需求 56% 来自交通部门，其次是自用（16%）、工业（9%）和损失（5%）等。此外，由于非交通部门的柴油需求持续增长，柴油需求的总增长高于汽油（表 2-9），导致需求侧柴汽比持续增加，2020 年达到 2.36，2030 年进一步达到 2.4。这将进一步加剧目前柴汽比供需失衡导致柴油供应吃紧的问题。与此同时，其他石油制品需求的快速增长，也将可能导致化工原料的供应吃紧。

表 2-9　参考情景下 2030 年前的成品油需求结构　　　　　（单位:%）

年份	汽油	煤油	柴油	燃料油	液化石油气	炼厂气	其他石油制品	合计
2009	17.3	4.0	38.5	7.9	6.0	3.3	23.0	100
2020	17.2	4.2	40.4	4.4	5.6	3.2	25.0	100
2030	17.0	4.4	40.9	3.5	5.4	3.2	25.6	100

按线性外推，同样也可以得到参考情景下车用汽、柴油的供应量:2020 年汽油 0.94 亿 t、柴油 1.44 亿 t，占油品消费总量的 40%，其消费增长占 2009～2020 年新增油品消费总量的 46%;2030 年汽油 1.24 亿 t、柴油 1.99 亿 t，占油品消费总量的 41%，其消费增长占 2009～2030 年新增油品消费总量的 45%。

2.2.2.2　新政策情景

实际上，按某一时间段的历史趋势简单外推具有较大的局限性。一是我国整体处于动态发展过程中，未来具有巨大的不确定性，很难按照线性发展规律来推测未来;二是需要考虑政策调节的主观能动性，如节能减排和能源安全政策势必不断加强。例如，根据国家能源局（2011）的统计，2010 年我国石油消费比 2009 年增加了 12.3%，这远高于 2000～2009 年的平均增速 6.1%。又如，2007～2009 年，很多非交通部门的石油需求，如农业、商业、生活和高耗能工业，已经开始呈现下降趋势，与此前的趋势相反，反映出节油和石油替代已经有了一定成效。

在新政策情景下，假定未来的政策将在一些可预见的问题上做出相应的积极调整并取得成效，包括:①控制 2030 年油品的总消费量不超过 7 亿 t;②大力强化非交通部门的节油和燃油替代，尤其是柴油的节约和替代;③优先供应交通部门，尤其客运（汽车、航空等）的液体燃料需求，然而交通部门的液体燃料需求也会受到石油消费总量的限制。此外，油品需求的变化也将顺应以下对未来我国宏观经济走势的判断:2020 年前工业化加速发展、基础设施大规模建设的势头将会延续，而此后将趋于平稳发展；2030 年前城市化、机动化一直保持快速发展势头。

对油品消费总量上，假定 2020 年前仍将呈现快速增长并达到 6 亿 t，介于参考情景（5.9 亿 t）和表 2-6 的国外机构预测平均值（6.1 亿 t）之间。在 2030 年，假定节能和能源安全的政策将取得较大成效，并将油品消费总量成功控制在 7 亿 t。在此基础上，参考 2000～2009 年的历史趋势，对 2030 年前我国油品消费分部门、分品种的构成比例变化趋势进行以下情景设定：

1）油品损失。考虑 2020 年前将是我国炼厂建设的高峰时期，油品损失率可能难以大幅下降。而此后，由于炼厂规模扩张的减缓会有一定改善。因此，设定 2020 年油品损失占比固定 4% 不变，而 2030 年降至 3%，全部为原油损失。

2）油品自用。2000～2009 年，油品自用比例年均降低 1.11%。假定按此趋势变化，则 2020 年降至 15%，2030 年降至 14%（虽然油品自用中化工原料的需求会有所增长，但也存在天然气化工、煤化工甚至进口化工原料等替代途径）。在消费品种上，2000～2009 年除其他石油制品和炼厂气的比例显著上升外，其他油品消耗比例均呈现下降趋势，但原油比例仍然较高。因此，假定 2020 年消费品种构成为其他石油制品 78%，炼厂气 18%，原油 4%；2030 年为其他石油制品 80%，炼厂气 20%。

3）发电/供热。假定 2020 年降至 1%，此后维持不变，因为油电不可能完全消失。在消费品种上，假定维持目前多元化的趋势：柴油 25%，燃料油 25%，炼厂气 25%，其他石油制品 25%。

4）农业。2005 年之后，农业柴油消费已经出现了下降。假设 2020 年降至 2%，2030 年降至 1%，全部为柴油消费。

5）工业。由于油品替代相对潜力较大，假定按 2000～2009 年的趋势逐步降低，2020 年降至 11%，2030 年降至 9%。2000～2009 年，工业油品消费品种比例变化的大体趋势：其他石油制品消费明显升高，燃料油消费明显降低，而液化石油气和柴油消费有一定增加。假定 2020 年构成比例为其他石油制品 60%，柴油 25%，燃料油 10%，液化石油气 5%；2030年为其他石油制品 70%，柴油 15%，燃料油 10%，液化石油气 5%。

6）建筑业。考虑 2020 年前为基础建设的高峰期，假定维持在 4%，而 2030 年降至 3%。消费品种比例基本维持现状：其他石油制品 80%，柴油 20%。

7）商业和其他消费。假定固定不变，维持到 2030 年，即商业 1%，其他消费 2%。商业的消费品种比例 2020 年为柴油 75%，液化石油气 25%，2030 年全部为柴油。而其他消费全部为柴油。

8）生活消费。2007 年以后，生活用液化石油气已经出现了消费量下降的趋势，尤其以城市生活消费的减少更为显著，而农村基本不变。其主要原因应是天然气对液化石油气的替代。因此，假定 2020 年生活消费比例降至 3%，2030 年降至 2%，全部为液化石油气。

9）交通消费。剩余的差额部分全部分配给交通，2020 年将达到 57%，2030 年达到 64%。在消费品种比例上，2003～2009 年，柴油比例持续上升，液化石油气比例基本不变，汽油比例先降后升，燃料油比例先升后降。考虑道路客运和航空的液体燃料需求会持续较长时间，而道路货运的柴油需求可能在 2020 年之后减缓上升趋势，铁路的柴油消费随着电气化程度提高会逐步下降，液化石油气和燃油需求上升的空间不大等这些因素。综合判断，假定 2020 年交通消费比例为：柴油 55%，汽油 35%，煤油 8%，燃料油 2%；2030 年为：柴油 50%，汽油 40%，煤油 10%。忽略液化石油气的交通消费。

据以上的大致判定，可以得到 2020 年、2030 年分部门、分品种油品需求如表 2-10、表 2-11 所示。交通部门对 2009～2030 年油品需求的增长贡献了 83% 左右，其余为自用（10%）、工业（4%）、建筑业（2%）、其他（2%）、商业（1.5%）和损失（1%），而发电/供热（-1%）、农业（-2%）和生活（-0.5%）则出现了负增长。

表 2-10　新政策情景下 2020 年中国分部门、分品种油品需求预测结果　　（单位：万 t）

部门	原油	柴油	汽油	煤油	燃料油	液化石油气	炼厂气	其他石油制品	油品合计
损失	2 400	—	—	—	—	—	0	0	2 400
自用	360	—	—	—	—	—	1 620	7 020	9 000
发电/供热	—	150	—	—	150	—	150	150	600
农业	—	1 200	—	—	—	—	—	—	1 200
工业	—	1 650	—	—	660	330	—	3 960	6 600
建筑业	—	480	—	—	—	—	—	1 920	2 400
交通	—	18 810	11 970	2 740	680	—	—	—	34 200
商业	—	450	—	—	—	150	—	—	600
生活	—	—	—	—	—	1 800	—	—	1 800
其他	—	1 200	—	—	—	—	—	—	1 200
部门合计	2 760	23 940	11 970	2 740	1 490	2 280	1 770	13 050	60 000

表 2-11　新政策情景下 2030 年中国分部门、分品种油品需求预测结果　　（单位：万 t）

部门	原油	柴油	汽油	煤油	燃料油	液化石油气	炼厂气	其他石油制品	油品合计
损失	2100	—	—	—	—	—	—	—	2 100
自用	—	—	—	—	—	—	1 960	7 840	9 800
发电/供热	—	175	—	—	175	—	175	175	700
农业	—	700	—	—	—	—	—	—	700
工业	—	945	—	—	630	315	—	4 410	6 300
建筑业	—	420	—	—	—	—	—	1 680	2 100
交通	—	22 400	17 920	4 480	—	—	—	—	44 800
商业	—	700	—	—	—	—	—	—	700
生活	—	—	—	—	—	1 400	—	—	1 400
其他	—	1 400	—	—	—	—	—	—	1 400
部门合计	2 100	26 740	17 920	4 480	805	1 715	2 135	14 105	70 000

新政策情景下 2009～2030 年的分品种油品消费量变化如图 2-7 所示，柴油、汽油、煤油等交通燃料的需求总量快速上升，而炼厂气和其他石油

制品的需求也有显著增长，燃料油和液化石油气的需求呈现下降。2020年后，柴油和其他石油制品需求的增长有所减缓。

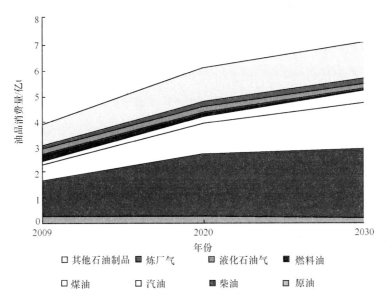

图 2-7　中国油品分品种消费量预测结果（2009～2030 年）

表 2-12 为扣除原油的损失和直接消费后的 2030 年前我国成品油消费量和比例，可以看到，供需柴汽比失衡的问题将得到较大程度的缓解。得益于工业、能源等非交通部门柴油使用量的减少，2020 年需求侧的柴汽比将降至 2.0。此后，由于工业化趋于平稳而导致货运需求增长减缓等因素，2030 年进一步降低至 1.49。

表 2-12　新政策情景下的 2030 年前中国成品油需求结构　　（单位:%）

年份	汽油	煤油	柴油	燃料油	液化石油气	炼厂气	其他石油制品	总计
2009	17.3	4.0	38.5	7.9	6.0	3.3	23.0	100
2020	20.9	4.8	41.8	2.6	4.0	3.1	22.8	100
2030	26.4	6.6	39.4	1.2	2.5	3.1	20.8	100

考虑铁路电气化趋势以及船运增长较缓等因素，未来交通内部的柴油将更多用于道路交通。假定 2020 年 90% 的交通柴油用于道路，2030年进一步达到 95%。则可估算出政策情景下车用汽、柴油的供应量:

2020 年汽油 1.2 亿 t、柴油 1.69 亿 t，占油品消费总量 48%，其消费增长占 2009～2020 年新增油品消费总量的 68%；2030 年汽油 1.82 亿 t、柴油 2.16 亿 t，占油品消费总量 57%，其消费增长占 2009～2030 年新增油品消费总量的 81%。均高于参考情景的预测值。意味着政策情景下，虽然油品供应总量减少，却通过非交通部门的节油，能"挤"出更多汽、柴油供给道路交通。

2.2.2.3　替代情景

在替代情景下，2030 年油品需求将进一步控制在 6 亿 t 左右，意味着比政策情景额外削减 1 亿 t 的油品需求。由于政策情景已经充分考虑了非交通部门的油品节约潜力，因此这 1 亿 t 的油品需求量削减将主要来自交通部门，并主要来自道路交通的节能和燃料替代。

总体上，交通的油品需求可以用如下公式表达：

$$O = M \cdot \sum_{\text{modes}} \sum_{\text{fleets}} A_m S_{m,f} I_{m,f} F_{m,f} \tag{2-1}$$

式中，O 为油品的一次能源需求，toe；M 为交通需求，t·km（货运），人·km（客运）；A_m 为某种交通模式（mode），如道路、铁路等的交通量承担份额，%；$S_{m,f}$ 为第 m 类交通模式中，某一类燃油交通工具（fleet）的交通量份额，%，如道路客运中，可按车重不同进行分类，也可按乘用车和商用车分类；$I_{m,f}$ 为第 m 类交通模式中，f 类燃油交通工具的平均单位运输能耗，toe/（人·km）或 tce/（t·km）[①]；$F_{m,f}$ 为由燃油消耗量折算油品一次能源消耗量的系数。

依据此原理，可对交通节油开展如下讨论。

（1）对交通需求进行合理引导

减少总的交通需求 M，可以从根本上减少交通部门的油品需求。对货

---

① 　tce 为吨标准煤。

运来说，可以通过产业布局和物流调度等的优化，减少货运量需求。例如，目前煤炭运输大约占用了40%的铁路运力，以及大量的道路运力。通过煤炭利用的坑口化，变输煤为输电、输产品，将减少相当一部分货运需求。对客运来说，优化城市的土地功能空间分布、平衡就业与生活的空间分布、以信息传输代替实际出行（陆化普等，2008）等手段，将有利于减少城市居民交通需求的产生。

（2）实施多层次的交通结构优化

各种交通模式的单位运输能耗相差巨大。例如，根据2005年的统计，我国航空运输的单位运输能耗是道路的5倍左右，而道路运输的平均单位运输能耗是铁路的18倍左右，是水运的22倍（中国工程院，2011c）。而对于城市客运，轨道交通的单位运输能耗远低于道路交通。因此，大力提高铁路、水运的交通量份额，大力发展城市轨道交通，将有利于交通节油。

而对特定的交通模式，各种交通工具间的单位运输能耗也会有巨大差异。例如，公交车的单位运输能耗远低于小汽车，而汽车的单位运输能耗与车的自重/排量有密切的关系。倡导公交优先和鼓励发展小排量汽车，将有利于道路交通节能。

（3）大力提高交通工具的运输能效

以汽车为例，其能效提升还有巨大的潜力。大致估计，汽车中汽油的能量只有30%被转化成机械能传送到了车轮上，其余70%的能量都在传动系统中损失掉了，包括发动机效率、环保设施耗能以及将扭矩传动到车轮的机械传动效率等（Lovins et al.，2004）。由于汽车使用阶段2/3或3/4的能量损失都与汽车自重有关，因此车身材料轻量化的节能潜力非常巨大。而另一个有效措施是发展混合动力汽车。

此外，汽车的运输能效还和道路状况、载荷率、驾驶员习惯等有关。强化交通出行管理和优化交通调度，鼓励汽车共乘、避免空载和怠速熄火等，也有较大的节能潜力。

（4）减少燃油供应的能源损失

提高原油开采、运输、炼制和成品油配送等各个环节的能效，也将有利于减少交通部门的一次油品需求。但相比而言，终端节能的潜力更大，如上述的减少交通量、交通结构优化和提高交通工具能效等。

初步估计，从油品开采到车轮（汽油车）的整个 WTW 供应链中，经过油品开采、炼制和输配，油品资源含有的能量中只有约 2/3 被有效输送到了机动车的油箱中；最终达到车轮的能量仅有油品资源的 1/5，而这 1/5 的能量 90% 以上是用来推动汽车自重，只有不到 10 % 用来推动有效载荷（乘客）。因此，最终只有近 1/50 的能量可资有效利用，如图 2-8 所示（倪维斗等，2009）。因此，终端节约一份能量，其效益可能是前端的数倍甚至数十倍，具有"放大"效应。在整个交通节能中，应该把终端节能放在首要的位置。但与此同时，终端节能也往往面临着越往终端走，节能的难度更大、见效更慢等问题。

图 2-8　汽车终端节能的"放大"效应

除交通节能外，削减交通油品消耗的另一个有效途径是发展各种油品的替代燃料，尤其是车用替代燃料。但应该注意到，目前各种车用替代燃料均处于发展初期，代价/收益的"双重性"是它们的普遍特征，即在替代油品产生正面效益的同时，也往往会带来其他方面的负面代价或风险。例如，煤基燃料的低能效和额外碳排放，生物燃料的原料收集/处理成本和土地、水资源的占用，以及电动汽车的技术创新风险等。因此，车用替代燃料的发展总体上不应优先于交通节能，而应该从属于次要地位。车用替代燃料的发展规模，需要通过仔细的损益分析来确定，而不是一味越快越好、越多越好。

考虑近中期的技术、经济可行性，在替代近亿吨油品的替代规模要求下，同属化石能源的煤基燃料和天然气可能是较为现实的权宜性选择。而与此同时，也不应放松电动汽车、第二代生物燃料等技术的突破和创新，毕竟它们更代表长远的发展方向（Ma et al.，2009）。

此外，由于目前的车用替代燃料大多是用于替代汽油，而柴油的替代技术较为缺乏。因此，大规模的车用燃料替代有可能导致政策情景下原本得到缓和的柴汽比供需矛盾再次激化，这也是有待进一步研究和探讨的问题。

2.3　结论和建议

2.3.1　油品需求将主要来自于交通部门

2009 年，我国汽车交通（除摩托车外的道路交通）消费了 97% 的汽油，62% 的柴油和 5% 的液化石油气，总计占成品油消费量的 48%，油品消费总量的 37%。2000~2009 年，汽车交通对新增油品消费总量的贡献达到了 47% 以上，是油品需求增长的最主要驱动力。

无论是此前的研究还是本章的分析都表明，汽车交通仍将是未来油品需求增长的主要驱动力。若按历史趋势简单线性外推，2009~2030 年汽车交通对新增油品消费量的贡献将达到 45%，2030 年占油品消费总量的 41%；而在考虑宏观经济形势和非交通部门节油的政策情景下，汽车交通对新增油品消费量的贡献将高达 81%，2030 年占油品消费总量 57%。

2.3.2　油品消费应有总量上的控制

由于国内原油产量很可能趋于稳定，我国新增的油品消费量将主要通过石油进口来满足，这将导致能源安全风险不断加大。综合考虑国内原油产量、我国在全球石油贸易量中能够维持的占比（SOT）以及石油对外依存度（OID）等约束条件，将我国的石油进口量控制在 4 亿 ~ 5 亿 t 将是能源安全较有保障的方案。为实现这一目标，建议适时引入能源安全的约束性控制目标，如石油进口占全球贸易量 15%、石油对依存度 65%，致力于将未来石油消费总量控制在 6 亿 ~ 7 亿 t，避免由于石油进口带来的能源安全风险超出所能够控制的范围。

2.3.3　大力强化油品节约，并发展适度规模的替代燃料

为控制石油消费总量，我国必须在各个石油供应链环节和各个石油消费部门全面实施石油节约。首先，应强化非交通部门的石油节约，通过以煤代油、以气代油、以电代油和发展可再生能源等，减少一些可替代性较强的石油需求；其次，强化交通部门的节油，通过交通需求管理、交通结构优化和提高单位运输能效等途径，尽量减少交通液体燃料的需求。而汽车节能是重中之重，我国应该加快出台更加严格的汽车燃油经济性标准。

虽然发展石油替代燃料也是减少石油消费量的有效途径，但应该意识到当前各种替代燃料都有代价/收益的"双重性"。各种替代燃料的发展规模都应该通过严格的损益分析来确定。短期内要提高石油替代的规模，可能主要还是要依靠煤基燃料和天然气等化石能源；而生物燃料和电动汽车等的发展，则主要着力于通过技术创新，促进车用能源向未来可持续能源体系的过渡。各种石油替代燃料的发展，都应该做仔细的损益分析，而不是越多越好。就本章的分析来看，为保障石油安全，可以考虑 2030 年前发展 0.6 亿 ~ 1 亿 t 的交通替代燃料。此外，还应发展适度的石油化工替代原料，如煤制烯烃等，缓解可能出现的化工原料尽量的问题。

第3章 煤基液体燃料发展现状和问题

"以煤为主，立足国内"是长期以来我国能源的主要特点，也曾是我国能源发展战略的主要方针之一。而在近年来石油对外依存度迅速上升，国际油价高企的形势下，利用资源相对丰富、价格相对低廉的煤炭生产车用液体燃料，替代石油基汽、柴油，成为我国煤炭行业的发展热点。同时，作为一种保障能源安全的重要技术储备，也受到了国家层面的重视。然而与此同时，煤基液体燃料的发展也因其能源效率低、CO_2 排放高、水资源消耗大等问题而饱受争议，成为了国家能源决策领域的难题之一。对于目前已经起步发展的煤基液体燃料，未来应该何去何从，社会各界还尚未形成一致性的认识。

本章立足于从多个层面、多个维度出发，通过煤基液体燃料供应链各方面基础信息的收集和分析，试图对煤基液体燃料技术的发展进行全面、客观的评价，并在此基础上提出初步的发展政策建议。

3.1 煤炭资源供应潜力分析

虽然我国煤炭资源总量丰富，但实际上煤炭的可持续供应能力受到生产安全、水资源、生态保护和运输能力等方面的严重制约。而在煤炭可持续产能的约束下，可用于生产车用液体燃料的煤炭量，还将受到其他部门和行业煤炭需求的影响。因此，本节首先围绕煤炭的资源、生产、运输、进口和利用等各个方面，对我国煤炭的开发、利用现状进行了概述。在此基础上，对煤炭资源可用于车用液体燃料生产的潜力问题进行初步分析。

3.1.1 煤炭开发和利用现状

与油气资源相比，我国的煤炭资源相对丰富。据 BP（2010）的统计，2009 年中国煤炭的探明可采储量占到全球的 13.9%，而石油、天然气分别仅占 1.3% 和 1.1%。总体来看，我国煤炭储量增长的潜力较大。按 1999 年我国煤炭资源预测与评价结果，我国煤炭资源总量（远景储量）为 5.55 万亿 t，居世界第一位。已累计探明的保有储量约 1 万亿 t（濮洪九，2010），其中已利用资源量为 4036 亿 t，已利用精查储量为 1897 亿 t，探明可采储量为 1145 亿 t。在尚未利用的资源量中，预查资源量为 3049 亿 t，精查资源量为 988 亿 t（中国工程院，2011；BP，2010）。因此，随着勘探开采的技术进步和力度加大，我国煤炭资源的探明可采储量还将持续增长。

我国煤炭生产总量巨大，居世界第一位，2009 年占全球 45.6%。近三十年来，煤炭在我国能源生产中的占比始终稳定在 70% 左右。由于能源需求快速增长，近年来我国煤炭产量迅速增加，从 2000 年的 13 亿 t 增长至 2009 年的 30.5 亿 t，年均增长 9.9%。受煤炭资源地域分布的影响，我国煤炭生产主要集中在山西、内蒙古、陕西、河南、山东、贵州、黑龙江等省份。而近年来的新增产量又主要来自山西、陕西、内蒙古和宁夏等省份。据《中国能源统计年鉴 2010》的"分地区原煤生产量"统计，该地区在煤炭生产总量中的占比从 2000 年的 34.6% 上升到了 2009 年的 52.4%，贡献了该时段煤炭新增产量的 60%。

由于我国煤炭资源主要集中在西部和北部地区，而市场需求主要在东部和南部的沿海经济发达地区。因此，不可避免地带来了煤炭的长距离、大规模运输，呈现出"西煤东运、北煤南运"的格局。

2010 年，我国累计完成煤炭运量高达 20 亿 t。我国煤炭运输主要采用铁路为主、公路为辅和铁路水运结合的方式，如先通过铁路运输至沿海、沿江港口，再由水路运输至南方消费地。其中，铁路一直以来是煤炭运输的主要方式，铁路运煤占煤炭产量的接近一半（岳福斌，2008）。煤炭又是铁路运输中最大的货品种类，在铁路货运量中的比重历来维持在 40 %以上。煤炭运力也成为近年来我国煤炭供应能力的主要制约因素之一。而煤炭长距离、大范围的运输和中转，也是造成东南部煤炭市场的价格较高的主要原因。如图 3-1 所示，煤炭中间储运环节的成本导致的价格上升占煤炭市场价格的一半左右。

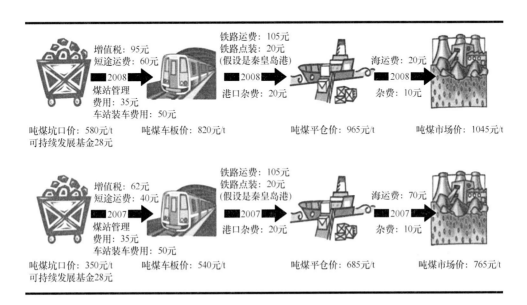

图 3-1　2007 年和 2008 年动力煤价格之旅

资料来源：中信证券研究部，2010

　　在东南部沿海地区，由于煤炭资源相对缺乏以及煤炭运力的限制，近年来煤炭进口量持续增加，也带动了全国煤炭进口量的快速增长。据《中国能源统计年鉴 2010》"煤炭平衡表"的统计，2000 ~ 2009 年，我国煤炭进口从 0.02 亿 t 上升到了 1.26 亿 t（2008 年仅为 0.4 亿 t）。2010年，由于国际煤炭市场需求相对疲软、价格走低，东南沿海电厂加大海外采购力度，带动全国煤炭进口大幅增长，全年累计净进口煤炭 1.46亿 t。

　　煤炭近年来在全国一次能源消费中的占比始终维持在 70 % 上下。2009 年我国煤炭消费总量达到 29.5 亿 t，同比增加 2.1 亿 t。我国煤炭的主要利用途径如图 3-2、图 3-3 所示。

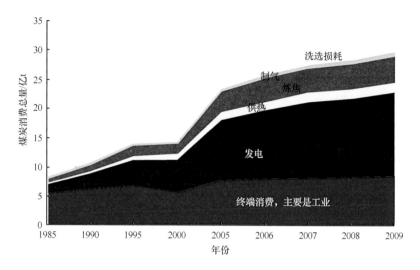

图 3-2　中国煤炭消费总量和构成的历史变化趋势

资料来源：国家统计局能源统计司和国家能源局综合司，2012

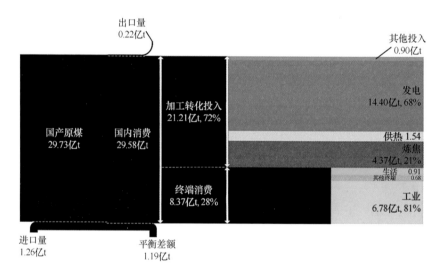

图 3-3　2009 年中国煤炭能流图

资料来源：国家统计局能源统计司和国家能源局综合司，2012

1）集中发电和供热。近年来在煤炭消费中的比例迅速上升，目前占煤炭消费总量的一半以上，其中主要用于发电。2009 年煤炭用于发电的比例约 49%，供热约 5%。

2）炼焦和制气。2009 年占煤炭消费总量的 15% 左右。2009 年以前在煤炭消费中的比例上升较快，但 2009 年以后开始趋于稳定，其中主要是炼焦用煤。

3）终端消费。包括煤炭直接作为终端部门的燃料以及化工原料的使用，2009 年占煤炭消费总量 28% 左右。其中又主要是工业锅炉/窑炉的直接燃煤。此外，2009 年有 1.5 亿 t 的终端煤炭消费用于化工生产（化学原料及化学制品制造业），而 2000 年仅为 0.88 亿 t。煤炭的化工生产主要包括合成氨、甲醇和二甲醚以及电石等，包括了煤基液体燃料。

4）洗选损耗。2009 年占煤炭消费量的 3% 左右。

我国煤炭的大量直接燃烧也导致了严重的环境污染问题。2007 年我国 SO_2 排放量为 2468.1 万 t，NO_x 排放大于 2000 万 t，燃煤贡献分别为 80% 和 70% 左右。而我国二氧化碳的排放量中，燃煤大概贡献了 80% 左右。随着环保政策日趋严格和清洁煤技术的发展，煤炭的常规污染问题有望在将来得到缓解，问题主要在于 CO_2 排放。

3.1.2　煤炭资源用于煤基替代燃料生产的潜力

如上所述，虽然我国煤炭资源的总量丰富，但煤炭开采面临着生产安全、水资源破坏、生态环境破坏和运力限制等一系列突出问题。因此，合理控制煤炭产能成为当前我国能源决策领域的议论热点之一。例如，中国工程院（2011a）对资源储量、机械化开采、安全生产、水资源、生态保护和运输等煤炭产能的约束条件进行了综合分析，认为我国煤炭可持续发展的产能不应超过 38 亿 t。而若进一步考虑上述约束条件的相互重叠计算问题，实际的煤炭可持续产能可能更小（中国工程院，2011b）：若只考虑安全生产和机械化开采，可持续产能仅为 35 亿 t 左右；若把安全生产以及水资源、生态保护作为硬约束，可持续产能可能仅为 29 亿 t 左右；若进一步考虑晋陕蒙和新疆地区的运输制约，可持续产能将不到 25 亿 t。而在可持续煤炭产能有限的情况下，也将存在一个煤炭资源利用如何合理配置的问题。

目前，电力、钢铁、建材和化工占国内煤炭消费总量 85% 以上。按这些主要部门来预测煤炭需求，2030 年约为 37 亿~40 亿 t，2050 年约为 35 亿~38 亿 t。其中化工用煤量为 3.5 亿~4 亿 t，2050 年为 4 亿~

4.5 亿 t（中国工程院，2011a）。大致估计，除去合成氨、电石、煤制烯烃以及民用液体燃料（如部分二甲醚）生产的用煤量，可用于生产车用液体燃料的资源量最多为 1 亿~2 亿 t。而若考虑上述更严格的煤炭可持续产能约束和煤炭消费的碳排放约束，实际上可用于生产液体燃料的资源规模可能更小。

虽然在煤炭资源丰富地区就地生产液体燃料，将有助于改善煤炭运力限制的问题，但由于当地水资源缺乏，而煤基液体燃料生产的耗水量巨大，水资源供给能力也将成为其重要的制约。据有关专家估计，生产 1t 煤基液体燃料，平均耗水量在 10t 上下。

从国际上进口煤炭将有助于缓解我国自身的煤炭可持续供应能力约束，但从国家能源战略高度，煤炭消费总量还将受到 CO_2 排放总量控制的制约。情景分析表明，为将能源利用的 CO_2 排放总量控制在 90 亿 t 以下，我国的煤炭消费量应在 2020 年达到 32 亿~34 亿 t 后开始下降，新增能源需求将主要由核能、天然气和可再生能源满足（中国工程院，2011b）。

3.2 煤基液体燃料技术发展现状

煤基液体燃料转化技术是将固体的煤炭转化为车用液体燃料的洁净煤技术。通过不同的技术路线，可以把煤炭转化为汽油、柴油、甲醇、二甲醚等液体燃料，部分替代目前普遍使用的常规石油基汽油、柴油。本节将简要介绍以上技术的发展现状，并重点分析煤直接液化、煤间接液化、煤基甲醇、煤基二甲醚的生产环节。

3.2.1 技术发展现状

（1）煤直接液化

我国从 20 世纪 70 年代末开始研究煤炭直接液化技术。煤直接液化采用的煤种以烟煤、褐煤为宜，其产品主要是汽油和柴油等。近 30 年开发的新技术与老技术有许多区别，但其工艺原理、基本工业路线等基本相同或相类似，加之近些年的研究开发和新的现代科学技术的支持，使该技术的工艺和技术路线更趋合理（杜铭华，2006）。

1997～2000 年，中国煤炭科学研究总院分别与德国、日本、美国有关政府部门和公司合作，完成了内蒙古神华煤、云南先锋煤和黑龙江依兰煤在国外已有中试装置上的放大试验以及这 3 个煤的直接液化示范厂预可行性研究。2001 年 8 月，我国第一个煤炭液化示范项目——神华煤直接液化项目得到最终批准，总设计规模为年生产 500 万 t 油品。2009 年，该项目首条 100 万 t/a 的生产线成功建成并投入试运行。2011 年第 1 季度，该工厂的开工率已经达到了 80% 以上，生产油品 20 多万吨。

(2) 煤间接液化

煤间接液化采用的煤种可以是烟煤、褐煤和无烟煤等，主要产品有汽油、柴油、石脑油、航空煤油等。1937 年，日本在中国锦州石油六厂引进德国以钴催化剂为核心的 F-T 合成技术，1943 年建成生产能力为原油约 100 万 t/年的煤间接液化厂。新中国成立后，该厂一度实现了可观的利润。随后因大庆油田的发现，1967 年锦州合成油装置停产。

20 世纪 80 年代初，受世界石油危机影响，同时考虑到煤炭资源丰富的国情，我国重新恢复了煤间接液化技术的研究与开发。中国科学院山西煤炭化学研究所在工艺改进和催化剂开发方面均取得相应的成果，并进行了工业试验。国内近年来其他研究机构在 F-T 合成方面也做了大量研究开发工作，如大连化学物理研究所在担载型铁系催化剂的 F-T 合成已完成了模试，南京大学与南京化工研究院研究开发了合成气经含氧化合物转化为汽油的两段合成工艺过程。清华大学和原北京化工学院等高等院校也对 F-T 合成在实验室小试规模上进行了多方面的研究与探索。

由多家大型企业和科研机构共同出资组建成的中科合成油技术有限公司（以下简称"中科公司"）于 2006 年成立。山西潞安矿业集团采用该公司技术，在山西长治建设年产 16 万 t 液体燃料的煤间接液化多联产示范装置。此外，中科公司还分别与内蒙古伊泰集团和神华集团合作，在鄂尔多斯建设年产 16 万 t 和年产 18 万 t 规模的煤间接液化示范装置。2009 年，潞安长治和伊泰鄂尔多斯项目均成功试车，生产出了合格油品。

（3）煤基甲醇

我国的甲醇工业近年来发展迅速，总的甲醇年生产能力从 1990 年的不足 100 万 t，发展到 2007 年的 1600 万 t。据有关专家估计，2009 年甲醇年生产能力已经达到了 2500 万~2600 万 t（煤炭为主要原料）。

但与世界先进水平的生产装置相比，我国甲醇生产装置规模小，技术落后，能耗大，生产成本高。目前我国甲醇生产装置近 200 套，其中大多数为 5 万 t/a 以下的小规模装置。而国外则以大规模甲醇生产装置为主（天然气为主要原料），其中 80% 左右的产能是 30 万 t/a 的大规模装置。国际甲醇的生产成本一般低于国内。

在车用方面，我国已有多个省市开展了甲醇汽车示范。其中，山西省开展了甲醇汽油的全省封闭试点工作，与汽油的掺混比可从 15%（M15 汽油）到 100%（M100），不同掺混比的甲醇汽油热当量成本低于汽油。2009 年 7 月 2 日，国家标准化管理委员会发布公告，《车用甲醇汽油（M85）》（GB/T 23799—2009）标准正式批准颁布，并于 12 月 1 日起实施。而截至 2014 年 3 月，M15 的标准还在讨论中，尚未出台。

（4）煤基二甲醚

2008 年，我国二甲醚产能已经达到 410 万 t/a 左右。但同期产量仅 205 万 t，开工率严重不足，而新项目仍然在陆续上马。"十一五"期间，拟建、在建的二甲醚项目的产能总量约 500 万~800 万 t。据有关专家估计，2009 年我国二甲醚产能已经达到了 1000 万 t 以上。

目前，我国研究二甲醚车用燃料的单位有上海交通大学、西安交通大学、吉林大学等。上海、山西久泰和西安交通大学都进行了二甲醚车的开发试验。2006 年 3 月至 2007 年 7 月，上海二甲醚车项目完成了 10 辆二甲醚车的生产、试运行。

3.2.2　技术性能比较

以下将从煤基液体燃料生产环节的技术指标（资源消耗、能量效率）、经济指标（投资、产品成本等）及直接环境排放（主要关注 CO_2、SO_2 和 NO_x）三方面比较各种煤基液体燃料的技术性能。

采用不同的工艺路线，煤基液体燃料生产过程中的技术指标、经济指标以及直接环境排放均有所差异。由于国内对此方面的研究已经较多，本章仅对文献中的数据进行整理，并取平均值作为煤基液体燃料生产过程的性能参数，如表 3-1 所示。

表 3-1　煤基液体燃料生产过程的技术、经济及环境指标

	指标	煤直接液化	煤间接液化	煤基甲醇	煤基二甲醚
技术指标	年产量/（万 t/a）	250	250	60	20
	生产工艺	HTI	高温/低温合成	—	—
	煤耗/（tce/GJ）	0.065	0.076	0.064	0.067
	电耗/（kW·h/GJ）	12.80	18.53	19.2	24.11
	水耗/（t/GJ）	0.145	0.255	0.31	0.37
	能效/%	50.31	41.41	50.22	47.455
经济指标	投资/（元/GJ）	169.76	199.74	144.12	196.79
	产品成本/（元/GJ）	41.41	53.45	46.54	62.23
	财务 IRR/%	10.16	8.615	14.91	10.63
直接环境排放	CO_2/（kgC/GJ）	20.09	35.17	26.55	29.815
	SO_2/（kg/GJ）	0.01	0.004	0.003	0.004
	NO_x/（kg/GJ）	0.09	0.160	0.17	0.17

注：①表中的数值为综合比较数据来源文献的数据，并取均值的结果；②IRR（internal rate of return）为内部收益率；③本表及以下分析中，煤直接、间接液化产品热值以 41.868GJ/t 计。甲醇取 22.7GJ/t，二甲醚取 29.7GJ/t。

资料来源：刘峰等，2009；俞珠峰等，2006；李大尚，2003；张亮等，2006；邝生鲁，2009

煤直接液化、煤间接液化、煤基甲醇以及煤基二甲醚生产过程的资源消耗、能效、投资、产品成本及环境排放的比较如图 3-4、图 3-5、图 3-6 所示，图中以煤直接液化的技术、经济、环境指标为基准（其指标值视为 1），其余煤基液体燃料路线的相应指标则以此为参照。例如，在图 3-4

中，煤间接液化的煤耗是煤直接液化的 1.18 倍。

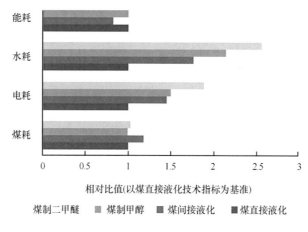

相对比值(以煤直接液化技术指标为基准)

煤制二甲醚　　煤制甲醇　　煤间接液化　　煤直接液化

图 3-4　煤基液体燃料生产的技术指标比较

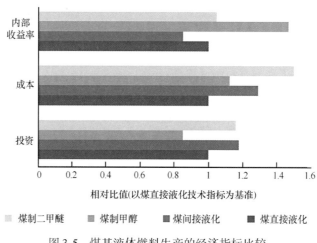

相对比值(以煤直接液化技术指标为基准)

煤制二甲醚　　煤制甲醇　　煤间接液化　　煤直接液化

图 3-5　煤基液体燃料生产的经济指标比较

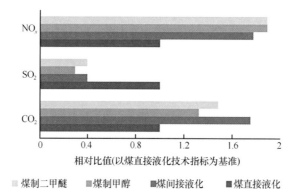

相对比值(以煤直接液化技术指标为基准)

煤制二甲醚　　煤制甲醇　　煤间接液化　　煤直接液化

图 3-6　煤基液体燃料生产的环境指标比较

　　由图 3-4 可以看出，相对而言，煤间接液化的煤耗较高，与之相应的是其生产过程的能效较低。总体而言，生产煤基液体燃料的能效为 40%~60%。生产过程中的用电量和水耗与具体工艺过程、设备、生产规模等密切相关。但初步比较，煤基二甲醚的电耗和水耗均比较高。在煤基液体燃料生产过程中，水的大量消耗是一个不容忽视的问题。生产煤基液体燃料的水耗为 0.145~0.37t/GJ，即生产 1 toe 油品需水 6.07~15.49t。

图 3-5 所示是生产煤基液体燃料所需的投资、产品成本以及内部收益率（IRR）的情况。相比较而言，煤间接液化和煤基二甲醚的投资和成本都较高，而 IRR 较低；煤基甲醇的投资和成本则较低，且 IRR（内部收益率）较高。因此，从经济性能方面考虑，煤基甲醇优于其他几种煤基液体燃料。

图 3-6 所示是煤基液体燃料生产过程中直接排放的 CO_2 和大气污染物 SO_2、NO_x 的情况。相比较而言，生产 1 GJ 油产品时，煤直接液化排放的 CO_2 和 NO_x 低于煤间接液化、煤基甲醇和煤基二甲醚，但其 SO_2 排放量是其他三种路线的两倍有余。

3.3　煤基液体燃料的发展政策分析

本节旨在简要评述各种煤基液体燃料发展的现状，重点分析其发展面临的障碍和未来潜力（表 3-2），并给出相应的政策建议（麻林巍等，2008）。

3.3.1　技术路线分析

表 3-2　煤基液体燃料技术发展现状、主要障碍及未来潜力分析

技术路线	煤基甲醇	煤基二甲醚	煤直接液化	煤间接液化
发展现状	局部示范和推广阶段。产能迅速增加，并严重过剩	正在推进二甲醚的公交示范。产能迅速增加，并严重过剩	处于商业示范阶段，经济性尚需工业实践证明	处于示范阶段，已发展出自主的煤间接液化技术。经济性尚需大规模工业示范考核

技术路线	煤基甲醇	煤基二甲醚	煤直接液化	煤间接液化
主要障碍	主要是产业政策问题。国家层面缺乏明确的指导政策和行业标准（缺M15的标准），以及公众接受性方面的问题。还有发动机腐蚀、尾气处理等方面的一些细微的技术问题有待进一步解决	主要是工程问题，需加强车辆技术研发和考虑配套基础设施建设	主要是工程问题，如何实现大规模、稳定、连续的工业生产，以及合成油品质问题。生产过程高能耗、水耗，以及排放大量二氧化碳，长远看会影响煤炭液化的推广	主要是工程问题，需积累工业生产和运行经验。在资源、环境方面也有与煤直接液化类似的问题
未来潜力	近期交通上的应用主要在于汽油掺烧以及M85/M100车型车队的发展。中长期的发展潜力在于甲醇灵活燃料汽车，利用甲醇市场保有量大的特点，对抗石油短期中断或油价上涨	中长期内具有替代车用柴油的可能性，取决于车辆技术的开发和推广情况	除替代柴油外，液化油在中短期内另一个较有前景的市场是替代非交通使用的这一部分石油消耗量（燃料油和石化原料）	所得运输油品和现有基础设施和车辆匹配，还可联产部分化工品

3.3.2　综合发展政策建议

根据表3-2分析所制定的2050年前的各类煤基替代燃料的发展政策安排如图3-7所示，近期的重点是推广煤基甲醇，继续建设煤制油的商业示范。2020年后煤基替代燃料的发展还取决于能源安全的局势和国家应对

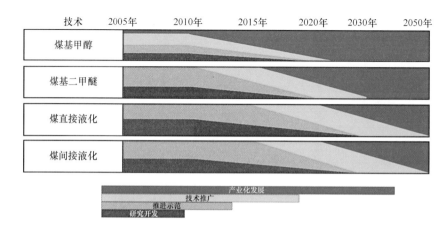

图3-7　煤基液体燃料的发展政策建议（不同时期应采取的政策）

气候变化的整体考虑，但考虑煤炭可持续产能的制约和 CCS 技术的前景尚不明确，煤基液体燃料的总量发展规模不宜过大。

针对各种煤基液体燃料发展的主要政策建议以下 3 点：

1）煤基甲醇：给予更明确的产业指导政策和制定行业标准，近期扩大试点范围，重点发展全燃料封闭式运行车队以及开发灵活燃料车。2015年后基本实现产业化运行。

2）煤基二甲醚：重点推广二甲醚的公交示范，2020 年基本实现二甲醚替代柴油的产业化运行。作为车用柴油替代品，煤基二甲醚也将是应对未来出现的柴油紧缺问题的重要技术途径。

3）煤直接/间接液化：继续推进商业示范，进一步提高产品质量和降低生产成本，积累工业化运行经验，作为保障能源安全的战略技术储备。2015 年后视能源安全的需要，进行适度推广。

3.4　结论和建议

3.4.1　主要结论

（1）煤基液体燃料的资源供应潜力存在限制

虽然我国的煤炭资源总量丰富，但煤炭开采受到生产安全、水资源和生态环保等方面的严重制约，可持续产能估计仅为 30 亿 t 上下，而目前的产能已经接近这一水平。这意味着煤炭的进一步增产将受到较大的限制。虽然可以考虑通过大规模进口煤炭在沿海地区发电来缓解国内的煤炭产能约束，但在 CCS 技术前景尚不明确的情况下，煤炭利用总量仍将受到 CO_2 排放总量控制的制约，其限制也在 30 亿 t 上下。此外，考虑其他部门和行业也有巨大的煤炭需求，可用于煤基液体燃料生产的煤炭资源估计仅为 1 亿 ~ 2 亿 t 甚至更小。

（2） 煤基液体燃料有待进一步提高技术性能

虽然煤基液体燃料呈现了快速发展的势头，而且一些技术的发展已经走在世界前列。但总体上，煤基液体燃料有待进一步提高自身的技术性能。相关文献数据的分析表明，煤基液体燃料转化环节的能效仅为40%～60%，生产1t油品的单位水耗高达6.1～15.5 t。除煤基甲醇外，煤直接液化、煤间接液化、煤基二甲醚生产项目的 IRR（内部收益率）均低于12%。这意味着抗风险（如煤价上升和油价显著下降）的能力较弱。

在煤炭产地就地转化生产液体燃料可能是能耗和排放最低的方式，但这也面临着煤炭资源地水资源紧缺的问题。而若考虑碳税的影响，煤基液体燃料的成本将进一步提高，尤其是 CO_2 排放较高的煤间接液化的成本更高。因此综合来看，煤基液体燃料的各方面技术性能仍有待进一步提高。

（3） 煤基液体燃料总量不宜过大，应稳步有序发展

综合资源、环境、经济、技术、政治和社会六个维度的评价结果表明，虽然煤基液体燃料有利于能源安全，相对其他车用替代燃料具有技术经济性的明显优势，但由于高温室气体排放与既有节能减排等政治目标的偏离以及较差的社会接受程度，要想获得大规模发展，今后还需要在CCS、节能减排以及宣传教育方面开展大量的工作，近、中期的发展不宜过快。

对2050年前各种煤基替代燃料的发展政策分析表明，近期的重点是推广煤基甲醇，继续建设煤制油的商业示范。而2020年后煤基替代燃料的发展还取决于能源安全局势和国家应对气候变化的整体考虑。但考虑煤炭可持续产能的制约和 CCS 技术的前景尚不明确，总量发展规模不宜过大。

3.4.2　政策建议

(1)　煤基液体燃料的生产总体上应合理布局、稳步发展

发展一定规模的煤基液体燃料将有助于国家能源安全，但考虑多方面的负面效益和社会公众接受程度较差，发展不宜过快、规模不宜过大。在生产项目的局部上，应尽量综合考虑煤炭资源、水资源和当地生态环境承受能力，谨慎选择重点项目。与此同时，应加大宣传、教育的力度，使社会公众对于煤基液体有更客观的认识。

(2)　推广车用甲醇，开展煤液化的商业示范

煤基车用甲醇的优势是产能有保证，抗经济风险能力较强，可以作为煤基燃料的重点推广方向。但必须保证其长期规范、安全的运行。考虑公众接受度和技术、基础设施方面的一些问题，近期（2020 年前）仍应定位于区域推广。

在已有煤直接液化商业示范和煤间接液化技术示范的基础上，近期可进一步建设和完善煤液化的示范项目，进一步提高各方面的技术、经济和环境性能，使其尽快具备推广条件，成为保障能源安全的有力技术储备。

对于煤基二甲醚，仍应加强车辆技术的研发和降低燃料成本。作为柴油替代品，煤基二甲醚也将是应对未来可能出现的柴油紧缺问题的重要技术途径。

(3)　加强煤基燃料节能、降耗、减排的技术研发

加大研发投入，为煤基液体燃料进一步节能、降耗和减排提供技术上的有力支撑。在国家温室气体排放的约束下，CCS 将是解决煤基液体燃料 CO_2 排放问题的关键技术途径。同时，煤基燃料的 CO_2 前捕捉相对于燃煤电厂的 CO_2 后捕捉具有明显的技术经济优势，应尽可能加快煤基液体燃料 CCS 技术的示范和应用进程。

第 4 章 | 多联产/IGCC 系统 LCA 分析与研究

4.1 生命周期评价的意义

针对当前我国能源消费结构不合理和产业技术水平较低的弊端，要满足国民经济的稳步增长要求，必须遵循节能、经济和"绿色"的能源利用原则。在承诺 CO_2 减排指标的同时，降低减排所引起的能源、资源和经济投入，以满足我国的能源可持续发展要求。在能源生产过程中，从资源和能源的利用以及温室气体排放的全过程来看，除了在生产过程中存在能源的利用、温室气体排放和经济性等方面问题外，与其相关的环节也存在这些问题。例如，燃煤电厂，除了在发电过程存在能量利用效率和温室气体排放的问题之外，在煤炭资源的开采、运输、产品的利用和运输等环节也都存在排放和能耗问题，因此仅从能源利用系统环节考虑 CCS 问题是不全面的，而上述这些环节共同构成了能源利用与 CCS 的全生命周期，也即考虑 CO_2 的减排问题应该从燃料到 CCS 的生命周期入手。

4.2 LCA 的评价的边界条件的选取

对能源系统的全生命周期分析，主要是从煤的开采、运输、产品（如电力、化工产品和车用替代燃料等）的生产、产品的运输和利用等方面入手，最为典型的是 WTW（well-to-wheel）和 WTM（well-to-meter）的研究，主要分析过程中伴随的能耗和温室气体的排放，以及过程投资情况，如图 4-1 所示。

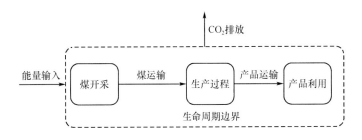

图 4-1   全生命周期的能耗和 CO_2 排放边界

4.3   研究内容

4.3.1   研究对象

研究立足 IGCC 和 IGCC-CCS 系统，并在此基础上，选取了在技术上较为成熟、发展潜力较大的另外 4 种典型能源系统作为研究对象，工艺流程分别如图 4-2～图 4-7 所示。系统的建模均采用商业稳态流程模拟软件 Aspen Plus 11.1 进行模拟。以上各系统的模拟流程都进行了相关的验证（郑安庆等，2009a，b；Jillson et al.，2009；Chen，2005；Jin et al.，2010），研究重点只针对以上各系统的全生命周期进行分析研究。

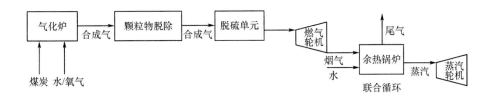

图 4-2   IGCC 系统简图

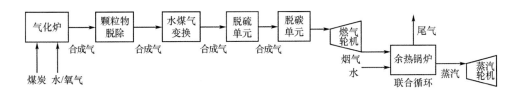

图 4-3   带 CCS 的 IGCC 系统简图（IGCC-CCS）

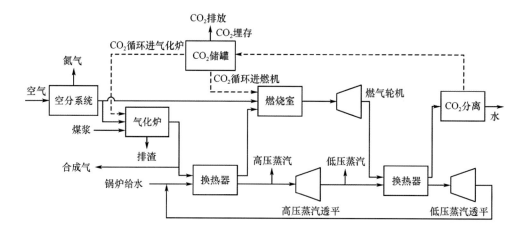

图 4-4 带 CO₂ 循环的 IGCC 系统简图 IGCC-CRS

资料来源：Jillson et al.，2009

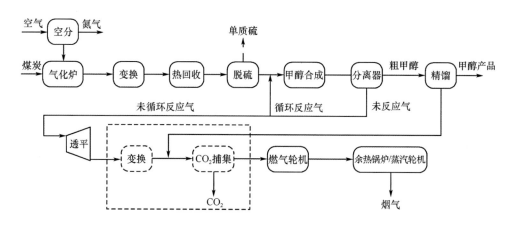

图 4-5 带 CCS 的甲醇电多联产系统简图 （PL-CCS）

资料来源：Jin et al.，2010

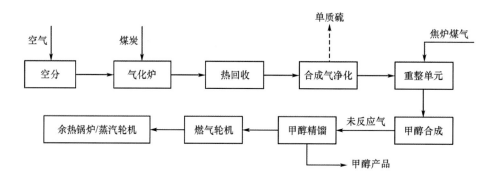

图 4-6 "双气头"多联产系统简图 （D-PL）

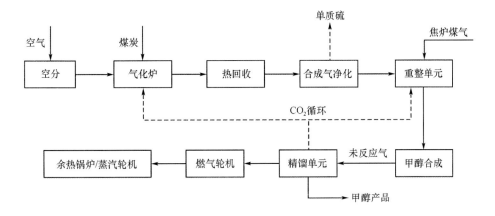

图 4-7　带 CO$_2$ 循环的 "双气头" 多联产系统简图（D-PL-CR）

4.3.2　评价指标

（1）能量评价指标

采用普遍的能量评价指标低位热值效率（LHV,%），即

$$\varepsilon = \frac{E_{输出}}{E_{输入}} \times 100\%$$ 　　　　　（4-1）

（2）经济评价指标

对于系统的经济效益的评价，采用目前化工企业普遍适用的动态评价指标—内部收益率（IRR）作为经济评价的目标函数。IRR 是指使计算期内各年净现金流量现值之和为零时的折现率，也就是使净现值等于零时的折现率，其表达式为

$$\sum_{t=0}^{n} (CI - CO)_t (1 + IRR)^{-t} = 0$$ 　　　　　（4-2）

式中，$(CI-CO)_t$ 为第 t 年的净现金流量；n 为计算年限（1，2，3，…，n）。

i_c 为设定的折现率，若 $IRR \geqslant i_c$，说明项目的经济性是可行或者可以接受的；反之，则说明项目不可行。内部收益率可以反映拟建项目的实际投资收益水平。内部收益率考虑了资金的时间价值以及项目整个寿命期的经济情况，并且能够直接衡量项目真正的投资收益率，在计算时，不需要事先确定一个基准收益率，这样就克服了基准收益率确定不当，将会引起决策失误的缺点，因此可以说内部收益率是一个比较可靠的分析评价指标，一般可作为主要分析评价指标。

(3) 环境指标

环境指标主要考虑 CO_2 减排性能对系统的影响，主要采用 $Cost_{avoided}$ 和 $Cost_{captured}$ 两个评价指标来体现（Xu et al.，2011；Chao and Rubin，2009；Falcke et al.，2011），用公式可以表达如下：

$$Cost_{avoided} = [COE_{CC} - COE_{ref}] / [CO_{2ref} - CO_{2CC}] \qquad (4-3)$$

$$Cost_{captured} = [COE_{CC} - COE_{ref}] / CO_{2captured} \qquad (4-4)$$

式中，$Cost_{avoided}$ 为 CO_2 减排系统相对于参考系统减排 CO_2 所付出的成本代价，元/t；$Cost_{captured}$ 为 CO_2 减排系统相对于参考系统捕集 CO_2 所付出的成本代价，元/t；COE_{CC} 为具有 CO_2 减排系统的发电成本，元/（kW·h）；COE_{ref} 为参考系统的发电成本，以 IGCC 为参考系统，元/（kW·h）；CO_{2ref} 为参考系统 CO_2 的排放量，t/（kW·h）；CO_{2CC} 为具有 CO_2 减排系统的 CO_2 排放量，t/（kW·h）；$CO_{2captured}$ 为具有 CO_2 减排系统的 CO_2 捕集量，t/（kW·h）。

COE 的计算可以用下式表示：

$$COE = \frac{CAPEX \times CRF + OPEX - CHEM}{PW} \qquad (4-5)$$

$$CRF = \frac{i}{1 - (1+i)^{-N}} \qquad (4-6)$$

式中，COE 为系统发电成本，元/（kW·h）；CAPEX 为系统总固定投资，元；CRF 为年平均投资率；OPEX 为年运营费用，元；CHEM 为化工产品销售收入，元/a；PW 为年发电量，kW·h；i 为折现率，12%；N 为运行年限，a。

由于经济评价过程涉及一系列相关的约束边界条件，为此，本节结合我国实际能源消耗和市场规律给出了以下参考边界条件，如表 4-1 所示。

表 4-1　系统经济评估边界参数设置

项目	数值
原煤价格/（元/t）（Xu et al.，2011）	640
焦炉煤气价格/（元/m³）	0.45
折现率/%	12
设计期/a	2
工业水价格/（元/t）（Xu et al.，2011）	0.13
冷却水价格/（元/t）	0.03
折旧年限/a	15
运行天数/（d/a）	300
建设期/a	3
运行年限/a	30
税率/%（国家税务总局，2009）	20
产能	95% 设计产能
上网电价/［元/（kW·h）］	0.38
甲醇价格/（元/t）	2560

4.4　结果与分析

系统采用的气化煤种为来自晋城的无烟煤，其元素分析、工业分析及高位热值见表 4-2。焦炉煤气的组成（体积百分数）为 CO 6.0%、H_2 59.0%、CH_4 26.0%、CO_2 3.0%、N_2 6.0%。系统规模如表 4-3 所示。

表 4-2　晋城煤组成分析及其热值

工业分析（收到基）/%				元素分析（收到基）/%					高位热值/（MJ/kg）
水分	挥发分	固定碳	灰分	C	H	O	N	S	
2.81	11.31	71.10	14.78	94.32	2.83	1.208	1.31	0.34	29.8

表4-3 系统输入输出一览表

项目	IGCC	IGCC-CCS	IGCC-CRS	PL-CCS	D-PL	D-PL-CR
煤炭输入量/（t/d）	2200	2700	2360	6060	1530	1360
焦炉煤气输入量/（Mm³/d）	—	—	—	—	4.35	4.25
甲醇产出/（t/d）	—	—	—	1534	1695	1653
总发电量/MW	349	386	458	594	433	440
净发电量/MW	300	300	300	300	300	300
CO_2排放量/［kg/（kW·h）］	0.89	0.13	0.06	0.59	0.68	0.62
CO_2捕集量/［kg/（kW·h）］	—	0.96	0.93	1.44	—	—
CO_2捕集率/%	—	90	97	74	—	—

4.4.1 系统总投资

表4-4为系统总固定投资分布，系统总投资根据我国的经济评价规定来进行评估，其中设备总投资分购置费、建设安装费、设计费等，固定资本由设备费用、场地准备费用以及服务设施费用构成（Xu et al.，2011）。特别地，本研究中，D-PL 和 D-PL-CR 采用国产的具有自主知识产权的灰熔聚气化炉，其他系统则都采用 Texaco 气化炉。总可折旧资本、土地费用、装置开车费用以及经营资本共同构成系统的总投资。由表4-4可知，所研究的6种系统的比投资都要高于传统的火力电厂以及超临界、超超临界比投资 5000~6000 元/（kW·h）（Falcke et al.，2011；倪维斗等，2003；倪维斗，2010）。IGCC 的总投资为 28.5 亿元，比投资为 9492.48 元/（kW·h），在 IGCC 的基础上进行 CO_2 的捕集，系统初始投资呈现明显的增加趋势，其中 IGCC-CCS 和 IGCC-CRS 在 IGCC 的基础上分别增长了约 36.90% 和 23.78%。多联产系统由于同时耦合了化工和动力两个生产过程，其初始投资都要高于 IGCC，尤其是 PL-CCS 系统，总投资约为 IGCC 的 1.5 倍。

4.4.2 系统运营费用

系统运营费用以生产设计规模的 95% 进行评估计算，如表4-5所示，

表 4-4　系统总投资分布

（单位：百万元）

项目				估算方法	IGCC	IGCC-CCS	IGCC-CRS	PL-CCS	D-PL	D-PL-CR
系统总投资 CAPEX(Seader et al., 1999)	固定资产	可折旧资产	设备费用　设备购置费 (E)	—	1 794.34	2 490.54	2 246.57	2 544.68	2 142.68	2 210.99
			设备安装费	4.1% E	73.57	102.11	92.11	104.33	87.85	90.65
			间接建设费	8.7% E	156.11	216.68	195.45	221.39	186.41	192.36
			承包设计费	13.5% E	235.06	326.26	294.30	333.35	280.69	289.64
			总计 (M)	—	2 259.08	3 135.60	2 828.44	3 203.75	2 697.64	2 783.64
		场地准备费		2.5% M	56.90	78.40	70.72	80.13	67.46	69.63
		服务设施费		2.5% M	56.90	78.40	70.72	80.13	67.46	69.63
		总计 (F)		8% F	2 372.87	3 292.40	2 969.88	3 364.00	2 832.55	2 922.91
		不可预见费		—	191.23	263.42	237.62	269.12	226.62	233.86
		总计 (D)		—	2 564.10	3 555.82	3 207.49	3 633.12	3 059.17	3 156.76
	土地费用			2% D	51.65	71.10	64.13	72.64	61.18	63.17
	装置开车费			5% D	129.09	177.79	160.38	181.70	152.96	157.82
	经营资本	存货		15 天全负荷运行所需原材料及化工产品	19.97	11.01	10.05	178.82	115.20	114.82
		应收账款		30 天	82.94	82.94	82.94	260.61	212.99	213.50
系统总投资					2 847.75	3 898.67	3 525.00	4 326.88	3 601.51	3 706.07
比投资 [元/(kW·h)]					9 492.48	12 995.56	11 750	14 422.94	12 005.03	12 353.58

61

系统运营费用由固定费用和可变费用两部分组成。其中固定费用包括操作、维修、操作行政管理以及保险等费用；可变费用包括原料、公用工程费用以及其他可变费用等。本书将煤炭开采和运输，化工产品使用运输以及 CO_2 捕集等过程的投资都归纳在可变费用中，以考察上述过程对系统整体经济效益的影响，该部分内容在后续章节将进行详细的阐述。

对所研究的系统，假设 IGCC 的员工为 250 人，IGCC-CCS 和 IGCC-CRS 员工为 300 人，PL-CCS、D-PL 和 D-PL-CR 的员工各自为 400 人，且假定一周工作时间为 40h，工资为 45 元/h。从表 4-5 中可以明显看到，IGCC 和 IGCC-CRs 的固定费用（fixed charges）相对较低，其他系统都要比它们高出 0.50 亿 ~ 1 亿元；而在可变费用（variable charges）方面，除去煤的开采运输以及 CO_2 的捕集储存等方面的影响，多联产系统的费用明显要高于 IGCC 系统，这主要是由于化工产品生产部分消耗了大部分的原料，造成原料费用的大幅度提高。另外，无论是多联产系统，还是 IGCC 系统，一旦增加 CO_2 的运输储存，相应的投资会增加 2.0 亿 ~ 2.9 亿元。除此之外，多联产系统较 IGCC 额外增加的费用在于化工产品的运输部分。

4.4.3　热力学性能

各系统电量分布如图 4-8 所示，可以看到 PL-CCS 系统具有最大总电力输出为 594MW，但是系统电力消耗却最大，为 293MW，其次是 IGCC-CRS 电力消耗为 159MW。IGCC 总电力输出最小，为 348MW。IGCC、IGCC-CCS 以及 IGCC-CRS 的主要电力消耗来自气化部分（包括空分的电力消耗），特别地，IGCC-CRS 采用纯氧燃烧，明显增加了空分电力消耗，约为 IGCC 的 3 倍。CO_2 捕集、储存造成的电力消耗约占各系统总电量输出的 5% ~ 7%。多联产系统电力消耗主要由气化部分和气体压缩两部分构成。气体压缩主要来自合成气、循环气的压缩以及酸性气体的去除，约占系统总电量输出的 1/4，其他的电力消耗则来自水泵电力消耗，冷却水系统等。

表 4-5　系统运营费用

（单位：百万元）

分类	项目	估算方法	IGCC	IGCC-CCS	IGCC-CRS	PL-CCS	D-PL	D-PL-CR
操作成本	直接工资与福利（包括小时工）W1	45 元/h（40 小时/周）	23.74	27.97	21.57	37.76	37.76	37.76
	直接工资与福利（包括作编人员）	13%W1	3.07	3.65	2.82	4.93	4.93	4.93
	运营用品与服务	4%W1	0.96	1.09	1.09	1.54	1.60	1.60
	总计		27.78	32.70	25.47	44.22	44.29	44.29
维护成本	工资与福利（包括小时工）W2	2.5%D	64.58	88.90	80.19	72.64	85.70	88.38
	工资与福利（包括作编人员）	17%W2	10.94	15.10	13.63	12.35	17.15	17.66
	材料与服务	75%W2	48.38	66.69	56.13	54.53	64.26	66.30
	维护费用	3.5%W2	2.24	3.14	2.82	2.56	3.26	3.33
	总计		126.14	173.82	152.77	142.08	170.37	175.68
行政管理成本	总厂管理	5.2%（W1+W2）	5.31	7.04	6.21	6.78	7.68	7.87
	机工车间	2%（W1+W2）	2.05	2.69	1.92	66.37	2.88	2.94
	职工关系部门	4.5%（W1+W2）	4.61	6.08	5.25	5.76	6.53	6.72
	业务服务	5.5%（W1+W2）	5.63	7.49	6.59	7.04	8.00	8.19
	总计		17.60	23.30	19.97	85.95	25.09	25.73
固定费用	税金和保险	2%D	51.65	71.10	48.13	72.64	61.18	63.17
	总计（OP1）		223.17	300.93	246.34	344.90	300.93	308.86
可变费用 原材料	煤炭和焦炉煤气		420.80	495.87	453.12	1159.17	877.25	846.72
公用物料	工业用水和循环冷却水		3.73	10.02	3.62	28.60	11.41	11.85
一般费用	出售、转让	销售额的 2%	16.58	16.58	16.64	52.10	42.62	41.98
	直接研发	销售额的 1%	8.32	8.32	8.32	26.05	21.31	20.99
	已分配研发	销售额的 0.5%	4.16	4.16	4.16	13.06	10.62	10.50
	行政管理	销售额的 0.5%	4.16	4.16	4.16	13.06	10.62	10.50
	管理激励	销售额的 0.5%	4.16	4.16	4.16	13.06	10.62	10.50
	总计		461.91	543.27	494.18	1305.08	984.46	951.74
其他费用（Jin, 2011）	煤炭开采与运输	30.05+0.0125×距离（km）×煤（t）	120.26	148.03	129.34	332.22	83.84	74.56
	化工生产与运输	24.1 美元/t	—	—	—	42.66	31.33	30.59
	CO$_2$ 运输与储存	9.2+0.34×距离（km）×0.483	—	193.79	201.02	289.15	—	—
	电力输送	0.064 元/（kW·h）	138.24	138.24	138.24	138.24	138.24	138.24
	总计		258.50	480.06	468.61	802.28	253.41	243.39
	总计（OP2）		720.40	1023.33	962.79	2107.36	1237.88	1195.14
系统运营费用 OPEX	总系统运营费用		943.57	1324.26	1209.13	2452.26	1538.81	1504.00

63

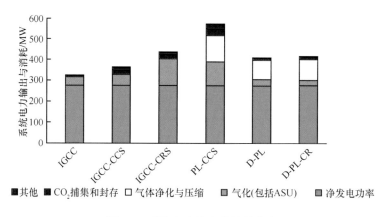

图 4-8　系统电力输出及消耗分布

　　图 4-9 为系统生命周期各阶段能量分布比例。从图上可以明显看出，系统的能量消耗主要集中在煤的生产转化利用阶段，值得注意的是，多联产系统（PL-CCS、D-PL、D-PL-CR）在此阶段的能耗比例要小于 IGCC、IGCC-CCS 和 IGCC-CRS，这主要是多联产系统耦合了化工生产和动力系统，在首先利用了高品位合成气以后，再利用较低品位的未反应气进行电力生产过程，实现了系统输入能量的梯级利用，使能量品位利用最大化，减少了系统能量损失（Lin et al.，2004）。特别地，IGCC、IGCC-CCS 和 IGCC-CRS 电力输出能量所占总能量比例要高于多联产系统，但多联产系统联产的化工产品使得整个联产系统的总能量输出明显提高。

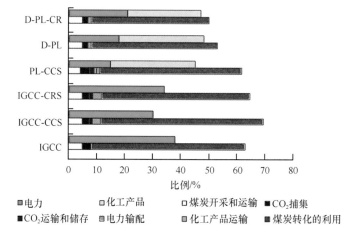

图 4-9　系统生命周期各阶段能量分布比例

另外，煤的开采运输阶段的能耗占整个系统约 5% ，CO_2 的捕集、运输储存的能耗占到整个系统总能量的 4%~7% 。化工产品运输损失占到系统总能量 1% ，输电损失约为系统输出电力的 1.3% 。因此提高系统总能量利用效率的关键还是在于如何有效地提高煤转化利用阶段的效率。

4.4.4　经济性能

从图 4-10 系统生产过程投资分布中可以看到，固定资本年平均投资、原料费用和操作维护费用共占到系统年总投资的 65% 左右。因此开发国有自主知识产权技术以降低固定投资费用，寻找多种替代能源以降低原料成本，对于提高系统的经济性具有重要作用。多联产系统由于同时生产化工产品和电力，在总投资和原料的费用上要高于 IGCC 系统。另外，当系统进行实行 CO_2 捕集储存，系统在此付出的经济代价约占到系统年总投资的 10% 。

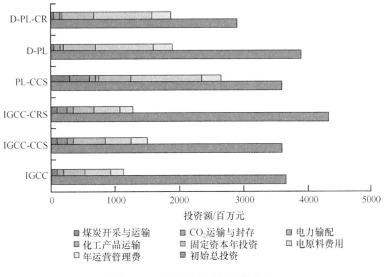

图 4-10　系统生产过程投资分布

图 4-11 给出了系统发电成本与我国目前市场电价的比较情况，可以看出，IGCC 系统发电成本为 0.524 元/（kW·h），高于目前我国市场电价 0.384 元/（kW·h），在增加 CCS 子系统以后，其发电成本将在原有基

础上增加了40%~60%。D-PL多联产系统的发电成本为市场电价的121%[0.468元/（kW·h）]，要小于IGCC-CCS和IGCC-CRS系统的发电成本，可见化工产品和电力联产可以有效地降低发电成本（麻林巍等，2004a，b），同时可以弥补CO_2捕集储存环节所引起的额外投资。明显地，当系统没有采取CO_2的捕集，联产系统D-PL和D-PL-CR的发电成本都要小于市场电价。IGCC-CRS和D-PL-CR系统的发电成本也要低于直接进行CCS的系统，因此在尽可能的实现系统内部的CO_2转化的基础上再进行CO_2的捕捉、运输和埋存，减少CO_2捕集过程的损耗，更具有科学性和经济性。结合前面的能量利用过程讨论，可以得出，在多联产系统的基础上尽可能实现CO_2的内部利用，或实行CO_2的捕集技术，可以在保证较高的能量利用效率前提下，降低系统的生产成本。

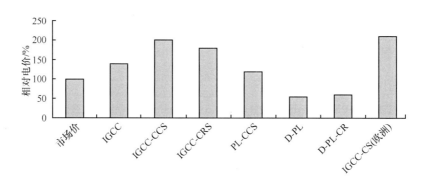

图4-11　系统发电成本与我国目前市场电价的比较

值得进一步思考的是，尽管当前CCS技术项目理论上的发电成本要高于市场价格，但目前我国的CCS技术发电成本约相当于欧洲IGCC-CCS发电成本的1/2，在技术成本上已经取得了很大进步。然而，要想使得IGCC-CCS/CR，PL-CCS/CRS等相关技术在我国市场具有较大的竞争力，如何有效地降低发电（生产）成本是研究的重点，具体可以体现在三个方面（Xu et al.，2011）：①加强自主知识产权技术的开发，集中低成本技术的应用，减少生产的固定投资；②提高系统的利用效率，降低能源的消耗，加强生产管理，提高人力资源效率；③支持低碳技术的开发和应用，同时要对温室气体排放征收相关的碳税。

图 4-12 为系统发电成本随着碳税价格的变化。从图中可以看出，系统发电成本随着 CO_2 碳税征收强度增大而呈现降低的趋势，可见碳税的征收，对于有效降低系统发电成本，推动 CCS 减排技术的发展具有重要作用。当 CCS 系统碳税强度增加到一定程度，其生产成本甚至会低于没有采取 CCS 技术的系统，如当碳税为 45 元/t 时，PL-CCS 的发电成本等于市场电价，当碳税增加到 165 元/t，IGCC-CRS 系统的发电成本等于 IGCC 系统发电成本。随着 CO_2 碳税的继续提高，减排能力较强的系统在其经济上更具有竞争力。如在碳税增加到 155 元/t 时，PL-CCS 系统的发电成本甚至低于 D-PL 和 D-PL-CR。碳税政策的实施对于低碳技术的应用无疑是强大的推动力，然而，就我国国情来看，碳税的征收工作还在筹划当中，预计在 2012 年开始实施，而且起征的数额不可能太高（预计在 15～20 元/t[①]）（国家发展和改革委员会，2011），这对于降低系统发电成本还起不到明显作用，因此，在开始实施 IGCC/PL/CCS/CRS 技术项目前几年时间，国家必须要有一定的扶持、补贴政策。随着碳税强度的提升，相对低成本技术的应用，系统会逐渐扭亏为盈。

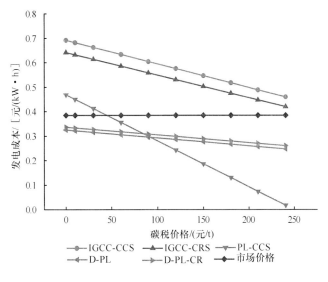

图 4-12　CO_2 碳税价格对系统发电成本的影响

---

① 环境保护部. 2012 年拟征碳税环保部建排放 1 吨 CO_2 征 20 元. http：//henan. people. com. cn/news/2010/05/14/478083. htm。

4.4.5 环境性能

图 4-13 提供了煤炭运输开采、煤炭的加工利用过程以及最终产品运输使用 3 个阶段的 CO_2 排放量状况。CO_2 的排放主要来自煤的转化利用阶段，但采取 CCS 能有效降低煤转化过程 CO_2 排放，其中 IGCC-CCS/CRS 的排放量还不到 0.5kg/kg 煤炭，PL-CCS 排放量也能维持在 1kg/kg 煤炭以下，D-PL-CR 尽管没有 CO_2 捕集，但是生产的化工产品固定了一部分碳元素，延缓了 CO_2 的排放，CO_2 的排放量也低于 1.5kg/kg 煤炭，因此，在煤的转化利用阶段采取有效的低碳减排技术是实现 CO_2 减排的重要阶段。另外，多联产系统生产的甲醇，其运输和使用（按化工产品40%年消耗）过程，是全生命周期中评价 CO_2 排放的重要来源之一，提高运输效率，以及汽车发动机的燃烧效率也是减排的重要环节。

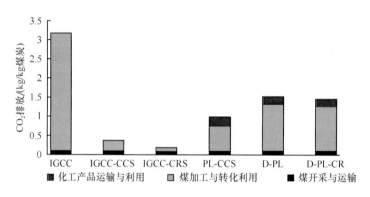

图 4-13　系统生命周期各阶段 CO_2 排放量

表 4-6 是系统的经济性能比较，IGCC-CCS/CRS 使得系统发电成本较 IGCC 的增加 0.15～0.25 元/（kW·h），同时，CO_2 的捕捉成本在 IGCC 的基础上也是大幅度增加。图 4-14 是 CO_2 减排系统减少单位 CO_2 所付出的成本比较（相对于 IGCC 参考系统）。可以明显看多联产系统 $CO_{2avoided}$ 成本为负数，明显要低于 IGCC-CCS/CRS，主要是由于多联产系统附加生产的化工产品减少了单位电量的生产成本，系统的发电成本要低于 IGCC 系统，相对于 IGCC 来说，其 $CO_{2capture}$ 成本为负数；当系统考虑 CCS 环节成

本时，$CO_{2avoided}$ 在没有考虑 CCS 成本的基础上增加明显，IGCC-CCS 系统增加了约 120 元/t，IGCC-CRS 增加了 110 元/t，PL-CCS 更是提高了 380 元/t，增幅超过了 50%，降低 CCS 环节过程的捕集、储存、运输成本，将有助于提高系统减排的经济性能。

表 4-6　系统经济性能比较

项目	单位	IGCC	IGCC-CCS	IGCC-CRS	PL-CCS	D-PL	D-PL-CR
发电成本	元/（kW·h）	0.52	0.76	0.68	0.47	0.22	0.24
内部收益率 IRR	%	3.12	-13.25	-1.41	14.14	13.64	13.69
CO_2 排放	$kgCO_2$/（kW·h）	0.89	0.13	0.06	0.59	0.68	0.65
CO_2 捕集	$kgCO_2$/（kW·h）	—	0.96	0.93	1.44	0	0
CO_2 减排成本	元/t CO_2	—	300.61	187.1	-158.91	-1485.44	-1221.82
CO_2 捕集成本	元/t CO_2	—	239.44	168.75	-29.84	—	—

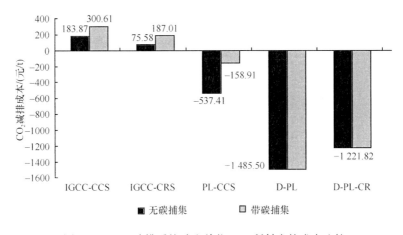

图 4-14　CO_2 减排系统减少单位 CO_2 所付出的成本比较

图 4-15 是 CCS 系统相对于 IGCC 系统捕集 CO_2 的成本比较，从图中可以看出，PL-CCS 的捕集成本最低（-29.82 元/t），IGCC-CCS 和 IGCC-CRS 捕集成本分别为 239.44 元/t 和 168.75 元/t。因此，对于大规模的 CO_2 捕集，在多联产系统基础上应用 CO_2 捕集技术，能更有效实现系统低成本、高效率的运作。

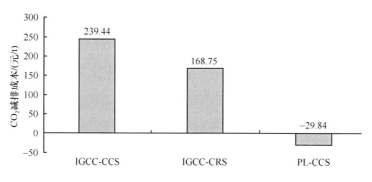

图 4-15　CCS 系统相对于 IGCC 系统捕集 CO_2 的成本比较

4.5　灵敏度分析

根据我国即将颁布的碳税政策，2012 年开始征收碳税，征收起点 10 ~ 15 元/t，预计 2020 年达到 40 ~ 50 元/t，结合我国的国情，更适合低起点高增长率的碳税政策，以国家发展和改革委员会定制起点为 10 元/t（国家发展和改革委员会，2011），增长率为每年 15%，以此进行计算，在 2020 年碳税将达到 31 元/t，2025 年将到达 61 元/t。与此同时，根据我国 IGCC/CCS 等技术发展要求，在未来 15 年时间内，IGCC/CCS 等国有自主知识产权技术要突破瓶颈，要求其建设投资比要在原有基础上降低 20% ~ 30%。结合我国目前已掌握的相关技术以及发展速度，设定投资比以每年 2.5% 比例减少，可以得到 2020 年的投资比在现有的基础上减低 18.4%。图 4-16 为系统投资比和 CO_2 碳税价格随时间变化关系图。

结合碳税和投资比随时间的变化关系，图 4-17 给出了系统发电成本随时间的变化关系。随着投资比和碳税的降低，系统的发电成本也随着年限的增加不断降低。到 2020 年，IGCC 系统的发电成本可以降低到 0.49 元/（kW·h），但是 IGCC-CCS/CRS 发电成本仍在 0.60 元/（kW·h）以上。可见在短时间内，以我国目前碳税的征收政策，以及技术成本降低速度，对于提高系统的发电成本高来讲，还是显得强度不够。因此，在系统运行初期，国家势必要加大对工厂企业的扶持，如减少税收，实施额外的经济补贴。同时，在特定的环境下继续加大碳税征收力度，加强低成本技

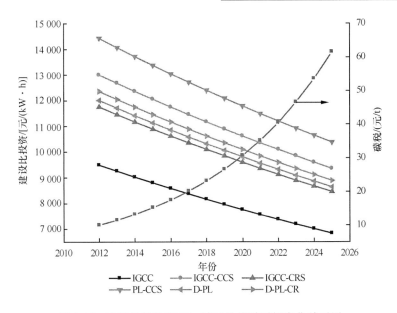

图 4-16　系统投资比和 CO_2 碳税价格随时间变化关系图

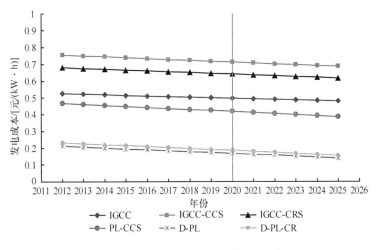

图 4-17　系统发电成本随时间的变化

术的开发研究和投资力度也是必须综合考虑的问题, 否则 IGCC 技术的发展将受到很大的阻碍。如图 4-18 所示, IGCC 系统的 IRR 在 2020 年维持在 6.2% 左右, IGCC-CCS/CRS 更低。特别指出, 目前我国 IGCC/CCS/CRS 高生产成本的主要原因除了技术成本较高, 还有一方面来自原料煤的价格较高 (640 元/t)。随着能源的紧缺, 煤价会越来越高, 这对于 IGCC/PL-CCS/CRS 系统的发展是一个极大的挑战。稳定煤价, 开发新能源, 提高系统的能量利用效率是 CCS 相关技术继续发展的关键因素。

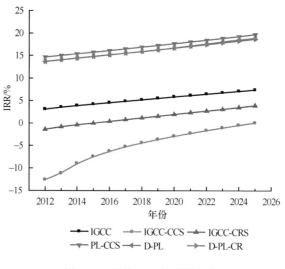

图 4-18　系统 IRR 随时间变化

4.6　基本预测

目前，我国面临三大能源问题，第一个就是石油短缺问题。我国在过去的 10 年内对于石油需求急剧增加，而我国石油生产量远远不能满足市场需求，使得石油缺口越来越大，到 2010 年石油缺口已经突破 53%。国际能源署对于中国石油需求量的预测，在 2015 年是 7.1 Mbbl/d，到 2030 年将到达 13.1 Mbbl/d，这意味着中国的石油依存度将从现在的 50% 增加到 80%（IEA，2007）。第二个是在未来很长一段时间内，煤炭仍将占据能源消费的主导地位，根据 IEA 预测，到 2015 年左右，中国煤炭的消费量将到达顶峰阶段，此时煤炭消费量占到各类能源比例的 66%，随着新能源的开发以及技术的改进，这种煤炭的消费比例有望在 2030 年降到 63%（IEA，2007）。中国以煤为主导能源的利用现状，使得 CO_2 排放严重，据 2011 年 BP 统计，约 56% 的 CO_2 来自煤炭的燃烧。第三个是面对巨大的 CO_2 减排压力。2007 年，中国已经成为了世界上 CO_2 最大排放国，而 IEA 预测到 2030 年，中国 CO_2 排放量将会到达 8.2 亿 t，约是 2006 年的两倍（IEA，2008b）。

面对三大问题，如何实现煤炭的清洁高效利用，从而有效缓解能源安全问题，以及 CO_2 减排压力是我国目前的当务之急，重中之重。IGCC、多联产系统及其相关的 CCS 技术，是煤炭高效清洁利用技术的一种，从前面的全生命周期分析来看，其整体性能（能量、经济、CO_2 排放）符合我国煤炭未来可持续利用的特点，对于解决我国目前面对的三大能源问题具有重要贡献。因此，如何合理推动发展这些先进技术，使其更好地与现有技术配合，满足市场需求和发展规律，最终实现过渡到工业化，是研究重点。

结合全生命周期分析的结果，以及我国未来能源利用发展趋势的考虑，IGCC 及其多联产系统未来发展蓝图如图 4-19 所示。

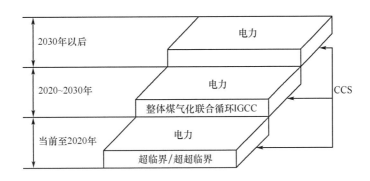

图 4-19　我国 IGCC/多联产-CCS 技术发展蓝图

该蓝图的核心是将 CCS 技术与 IGCC 或者多联产系统相结合的策略。这个发展思路主要分为三个时间跨度。

（1）当前至 2020 年：IGCC 示范阶段和早期发展阶段

面对突出的能源问题和 CO_2 减排的压力，提高煤炭清洁高效利用是这一时期的主要议题，随着我国煤气化技术的发展，到 2020 年，以煤气化为核心的 IGCC 技术将会是煤炭高效清洁利用的主要途径之一，CO_2 的捕集和储存也应该逐渐从现在超临界（SCPC），超超临界（USCPC）的燃烧后捕集过渡到 IGCC 燃前捕集，无论从经济上还是能量利用方面考虑，这是必然的趋势。而与之相应示范工程和早期的商业规模工程也应该建立和实施。事实上，我国华能绿色计划工程即将在 2013 ~ 2015 年完成

400MW，同时带有 CCS 捕集技术的 IGCC 电厂，这对于我国发展 IGCC/CCS 技术具有重要的先驱作用。通过示范工程，明确系统的投资与现有技术成本的差距，找到造成系统成本高，能耗高的技术和过程，可以探究 CO_2 运输储存过程地理环境因素的影响和风险性，更能为制定相关的 CO_2 碳税政策提供相关的依据。可见，未来 10 年，是 IGCC 发展推广示范的重要时期，要想在 2020 年以后使得 IGCC 技术商业化，示范工程在此阶段是必需的，也是必要的，国家更要给出相应扶持政策。

（2）2020~2030 年：IGCC-CCS 商业化阶段和多联产-CCS 示范阶段

2020~2030 年，IGCC/CCS 技术在示范阶段的基础上得到迅速的发展，各方面的性能都会得到很大的提升，各种 CCS 技术都会达到不同程度的应用和发展，技术问题可能不再是发展 IGCC 的瓶颈。而我国煤炭的消费量会在此时期达到峰值，面对 CO_2 的减排压力，CCS 技术也必然会得到广泛的关注和应用，而随之带来的 IGCC-CCS 系统成本增加，经济性问题将成为 IGCC-CCS 发展新的瓶颈。因此，在国家加强 CO_2 征收的同时，积极开发新能源和低成本 CCS 技术，是 IGCC-CCS 技术继续发展的前提。同时，在这一时期我国石油的缺口也将几乎到达峰值。将 IGCC 与已经成熟的化工生产过程相结合的多联产技术，不仅能生产液体替代燃料缓解能源压力，而且能有效降低系统整体的生产成本。而此时的 IGCC 技术已经相对成熟，在 IGCC-CCS 发展成熟阶段的基础上，发展多联产-CCS 技术，更是水到渠成，示范周期会缩短，成本投入会很大程度地降低。加强多联产-CCS 技术的示范，逐步完善系统之间 CCS 技术的耦合和集成，是这一阶段中后期的重点任务。

（3）2030 年以后：多联产-CCS 技术发展阶段到成熟、工业化阶段

到 2030 年，随着多联产技术的进一步发展，在保留 IGCC 系统的优势基础上，IGCC/CCS 会逐渐过渡到多联产/CCS 技术，CO_2 的捕集成本也会

降低。而那时，采用 CCS 技术减排 CO_2 如同减排其他污染物一样，已经成为一种实施标准，多联产-CCS 技术将会成主导的减排技术而逐渐工业化。而在后期发展过程中，随着多联产技术的成熟，多联产-CCS 技术更注重的是不同类型多联产(如化工/电力/钢铁，生物质/煤共气化，天然气/煤共重整，焦炉煤气/煤共重整)-CCS 的开发，以及不同工艺条件的捕集技术工艺优化，旨在寻求结合当地资源，因地制宜多维度发展，实现资源最大程度利用，提高能源系统整个生产链的利用效率是未来终极目标。

4.7　结论

1) 从热力学性能分析来看，系统能量损失主要来自于煤的转化利用阶段，CO_2 的捕集是能量消耗的另一重要环节。多联产系统更好地实现了能量的梯级利用和集成，能量利用效率要高于 IGCC 系统。

2) 从经济性能分析可以看出，IGCC/PL-CCS/CRS 等系统比投资较高，都要高于传统的火力电厂以及超临界、超超临界电厂比投资。不可避免的是，CCS 技术的应用增加了系统的投资，操作维护等成本，系统收益都要低于没有 CCS 的系统。碳税的征收对于 CCS 的推动发展具有重要作用，但是征收力度需要根据实际情况确定，以确保系统的收益，国家在技术推广初期需要一定的扶持补贴措施。

3) 从环境性能方面分析得出结论是：全生命周期过程中系统的 CO_2 排放主要来源于煤的转化利用阶段，而多联产系统化工产品运输、利用过程也是另一重要排放源，提高化学品生产、消耗链环节效率是减排的关键。IGCC-CCS/CRS 的减排能力要高于多联产系统（带 CCS 或不带 CCS），但减排成本要比多联产系统高 200~300 元/t。

IGCC 系统作为煤炭清洁高效利用技术的一种，在我国相关政策实施以及国产技术发展进步的前提下，其发电成本会逐渐降低，预计到 2020 年发电成本会低于 0.50 元/（kW·h），若加上国家的相关补贴以及优惠政策，发电成本会维持在 0.40 元/（kW·h）左右，基本符合市场电价标准。IGCC-CCS/CRS 技术具有高效减排 CO_2 的特点，但是，除非系统在没有 CO_2 捕捉的情况下净效率能提高约 8%，或者系统投资能减少，其高能量代价和高成本代价的问题才能解决。随着时间的推移，先进技术的应用必然可以弥补目前技术所造成的缺陷。多联产系统是在 IGCC 基础上进一步发展起来的煤炭清洁高效利用技术，其化工产品和电力联产的特点，增加了系统的集成度，减少了系统的单位投资，更是解决了经济和能量效率上的难题，从 IGCC-CCS 过渡到 PL-CCS，在多联产的基础上发展 CCS 技术更具有经济性和效率性，是未来煤炭清洁高效利用的重要方向之一。

目前，阻碍 IGCC/PL 及其相关减排技术发展主要壁垒，除了高额的技术成本造成的总投资成本大的问题，另外一个重要原因在于我国能源主体过于依赖煤炭，造成煤炭的资源紧缺，煤价过高使 IGCC 生产成本居高不下，而碳税的适当征收则是 CCS 技术继续发展的前提条件。因此，在未来的发展规划中，集中力量加强低价成本技术的开发研究应用，稳定煤价，开发新能源，提高系统的能量系利用效率，加强 CO_2 碳税征收等一系列措施，是 IGCC/PL 以及 CCS 相关技术继续发展的必经之路。

值得关注的是，从 IGCC-CCS 到多联产系统的过渡和发展，是一个长期的探索示范过程，其系统技术的优越性需要经过多年的研究示范运行才能得以体现。而其高额的技术和投资成本更是延长了这个时间。因此，在未来较长的一段时间内，目前存在的大量火力发电厂仍需维持和保留，而一些相对经济的燃后捕集技术必须应用。这要求我们必须加快 IGCC-CCS 技术的示范，IGCC-CCS 示范周期较长，出现的问题更是需要大量的时间去研究克服，尤其是 CO_2 的捕集埋存，只有让 CO_2 埋存时间达到足够长，才能确定其安全性。因此，要想使 IGCC 技术在 2020~2030 年达到商业化并逐步商业化，甚至到多联产-CCS 技术的过渡，现在必须行动起来。

第 5 章 煤基替代燃料发展的损益分析

可以预见，随着我国经济的快速增长，交通部门对于石油的依赖将更加强烈。对于我国石油供应来说，需要既能满足持续增长的交通需求，同时还能保障能源安全，将石油进口对外依存度控制在一定的范围以内，这无疑是一个比较艰巨的任务。目前世界各国应对能源安全通常采用的手段是建立石油战略储备，但当前石油价格持续高位运行，因此寻找合适的交通替代能源（替代燃料）就成为保障能源安全的研究热点。然而，对于替代燃料还有许多问题需要探讨和研究：替代燃料为什么能起到保障能源安全的作用？是不是发展越多越好？它和其他保障石油安全的措施（如建立石油战略储备）的关系是什么？影响其发展的关键因素是什么？这些都是本章要研究的问题。

本章首先从能源安全入手，分析其内涵，并归纳提出能源安全体系和框架图；然后在此基础上，建立能源安全损益分析模型；最后对煤基液体燃料进行案例分析。

5.1 能源安全内涵分析

要想了解替代燃料在保障能源安全中的位置和作用，首先需要对能源安全的内涵有一个充分的理解。

5.1.1 能源安全综述

目前的能源安全模式起源于 1973 年的能源危机，关注点主要集中于如何处理产油国的石油供应中断。随着时间的发展和国情的不同，各国对能源安全的理解均有一定的差异。对目前的我国来讲，使能源供应不要成为经济快速发展的瓶颈则是目前主要的能源安全关注点，另外，能源安全的关注点还将包括如何消除未来任何可能的由于中东等地局势不稳定等原因引发的石油供应中断问题。

美国剑桥能源咨询公司（CERA）主席丹尼尔·耶金在2007年3月22日美国众议院外交关系委员会"石油依赖在外交和国防中的意义"听证会上提到：如今，能源安全的定义需要扩展至对整个能源供应链和基础设施的保护，能源的相互依赖以及能源贸易规模的增长要求生产国和消费国之间不断合作，以确保整个供应链的安全。他认为对中国和印度来说，能源安全首先是保证有足够的能源来支持经济发展，并防止可能导致社会和政治动乱的能源不足的情况日益恶化。耶金还提到能生物技术在能源方面的运用可能是对能源安全产生非常重要影响的因素之一。

Lieberthal和Herberg（2006）认为中国能源不安全的根源在于中国强劲的经济增长刺激了能源需求的猛增，并远超国内能源供应和基础设施的承受能力，而且中国将严重依赖波斯湾地区来供应石油需求的较大份额；相应有越来越多的进口份额需要穿行海路要道。他们认为中国的能源政策是重商主义的，在不断争取海外份额油的同时，仍需要依靠市场的力量来获取大部分的进口石油。他们还指出：作为世界上最大的能源消费和进口国，美国和中国有实力来保障世界的石油供应和价格稳定，应制定一个有效的能源发展战略。

Blair和Lieberthal（2007）在《一帆风顺——海路安全的神话与现实》一文中提出：现今的国际石油航运并没有想象中那么脆弱，能对其造成严重和持续中断的机会将微乎其微。他们指出石油海运的风险并没有想象中的那样大，石油海运中最具潜在危险的有三个地方：霍尔木兹海峡、马六甲海峡和新加坡海峡，但只有一支强大如美国的海军才有可能严重扰乱石油运输，但相反美国正致力于保障公海的海运安全。历史也表明，重大的海运中断是非常罕见的。他们还指出：只要不发生全面战争，无论海盗、恐怖袭击还是任何国家都无法阻止或封锁海上通道；只有美国具备全面控制海上通道的能力，而中、俄、日、印在军事装备、后勤供应和操作经验方面与美国具有二十年的差距，无法与美国抗衡；只有在台海出现战事时，美国才可能会以武力对中国采取封锁行动，拦截中国的石油和重要物资运输。

Lynch（1997）认为能源安全只是短期中断问题，不可能出现长期中断，问题的本质是经济和价格问题而不是供应短缺问题。资源缺乏的国家对国际能源市场的过分担忧，是造成对能源安全误解的一个根本原因。一个国家只要愿意付出足够高昂的价格，总能确保能源的供给。但高昂的石油价格会引起经济的损失，造成的损失大小完全取决于石油进口的规模。而石油危机一旦出现，会对全球产生影响，不可能有选择地只针对个别国家。对抗石油中断的最有效手段是战略储备，而替代燃料对能源安全的作用有限，发展替代燃料必须作严格的收益损失分析。

徐承恩等（2004）[①] 认为石油安全实质上是市场需求安全，其核心问题是稳定的供应、合理的价格。他们指出，历史经验表明石油供应中断往往引起油价上涨，但油价上涨并非都与石油供应中断有关。对于正常的油价波动，合理的市场机制就可以调节，不属于石油安全问题；进口石油的数量以及占消费量比例的高低并不是衡量石油安全程度的决定性因素，关键是进口供应的稳定性和进口价格的合理性。他们还提出了保障我国石油安全的多种基本思路：开源节流、全球化合作、石油进口多元化、市场化运作、发展替代能源、加快科技进步、建立石油储备提高应变能力。

综上所述，能源安全的内涵在过去几十年已经有了很大的改变：能源安全不仅仅是应对产油国的供应中断，还应扩展至整个供应链的保护；但需要转变对石油运输安全过分担忧的观念，实际上国际石油航运还是相对比较安全的，不可能出现长期中断，能源安全只是短期中断的问题，且问题的本质是经济和价格问题。所以对于替代燃料来说，需要从保障能源安全的角度作严格的经济性分析，通过定量的方法分析替代燃料发展规律。

---

① 徐承恩，刘克雨，赵伏，等．2004. 石油安全和储备战略专题报告．北京：中国工程院。

5.1.2　能源安全体系

（1）能源安全框架图

前面已经提到，能源安全的观念亟待更新。基于5.1.1节关于能源安全的多个观点的理解，这里提出了新的国家能源安全观。图5-1展示了新的国家能源安全体系框架图，图中箭头表示来源项决定和影响指向项。能源安全总体包括资源安全和价格安全两部分。

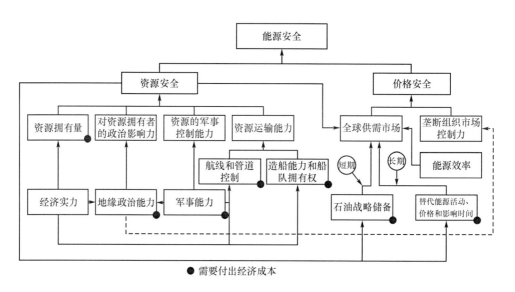

图5-1　能源安全体系框架图

对一个国家来说，资源安全的要素包括资源拥有量、对资源拥有者的政治影响力、资源的军事控制能力和资源运输能力。资源拥有量本质上取决于国家的经济实力，尤其是对国外资源的拥有。对资源拥有者的政治影响力是指地缘政治能力，该能力背后的本质支撑是经济实力和军事能力，外交是实施手段，传统友谊是优势和法宝。资源的军事控制能力是政治的延续和最后解决手段，美国目前具有绝对的优势。资源运输能力包括海上航线和输油管线的控制，以及造船能力和运输船队的拥有。

影响价格安全的要素包括全球供需市场的供需平衡状况以及国际石油

垄断组织（如欧佩克）对石油价格的控制能力。全球供需市场受到四方面因素的影响：资源安全性、石油战略储备量、能源效率和替代能源的发展数量，这里的资源安全性是指资源储备和供应能力（包括备用产能）。毫无疑问，国际石油垄断组织要追求其经济利益最大化，但其控制市场价格的企图和行为首先受到地缘政治的约束，此外还受到价格过高可能导致需求萎靡、其长期经济利益受损的客观约束。

（2）石油战略储备和替代燃料在能源安全中的作用

前文已经提到，在需求确定的条件下，全球供需市场受到四方面因素的影响：资源储备和供应能力，石油战略储备量，能源效率和替代燃料的发展数量。前三者是保证石油市场安全的传统手段，而石油战略储备更是促进石油市场短期平衡的最直接和有效的手段，是现行对付短期石油中断和价格飞升的最重要手段（Lynch，1997）。它不仅能延缓石油中断的影响，也能替代中断的供应量。

相对传统手段而言，替代燃料是保证全球和国家石油安全的新手段、新事物。它的作用主要是降低本国石油消费强度，在石油危机来临时可少受干扰，减轻高油价给国家经济带来的损失。但由于替代燃料的投资大、成本高、发展周期长，因此其活动水平低，对世界石油市场只有长期和缓慢的作用效果（Lynch，1997）。

图 5-1 实际上也对石油战略储备、替代燃料和其他维护石油安全的措施的相互关系作了一定程度的表述。图中，右下角标注"圈点"的条目表示需要花费经济成本的措施，石油战略储备和替代燃料是其中的两种。显然，有限的财力如何投入以获取最大收益是需要系统性思考和综合权衡利弊的问题，对于怎样建立战略储备或发展替代燃料来说，就存在利益权衡的问题。

5.2 能源安全损益分析原理

美国橡树岭国家实验室从保障石油供应安全角度对石油战略储备的最优规模进行过定量化的研究（Leiby and Bowman，2000a，b；Greene et al.，1998；U S Department of Energy，1990）。中国工程院也就石油安全和储备战略进行过研究，对我国石油储备的规模进行过定性分析和未来规模预测[①]。但目前国际上对于替代燃料在石油供应安全中的作用大多为定性分析，缺乏定量计算分析，本章将就这一问题展开研究。

研究中参考美国橡树岭国家实验室定量研究的方法，根据石油战略储备和替代燃料对于能源安全的不同作用机理，把石油战略储备最优规模的建模方法，扩展到计算石油战略储备和替代燃料发展的最优规模。模型的原理在于分析通过这两种手段保障能源安全过程中所损失的经济成本和获得的经济收益，在损失和收益之间寻找一个平衡的优化结果。故本书将此模型称为能源安全损益分析模型。

对于建立石油战略储备（SPR）或发展替代燃料（ALF），经济成本主要包括基础设施建设成本、运行维护成本和购买资源或燃料的相关成本。对于替代燃料来说，还应包括相关的 CO_2 处理成本，这些成本都可以直接计算出来。但建立战略储备或发展替代燃料能得到何种收益呢？答案并不显而易见，因为这种收益只有在石油中断的时候才能显现出来（Leiby and Bowman，2000a，b），其原理如图5-2所示。

国际石油市场供给量一旦明显低于其正常或预期的需求量，即发生石油中断，将影响国际石油市场的供需平衡，造成油价的上涨，从而会造成本国石油进口额外成本的损失。另外，由于石油短缺和油价上涨将造成本国 GDP 的损失，主要包括三部分：①部门间调整，表现为人力和资本等生产资料通过市场在各生产部门间重新分配，如炼油厂工人下岗，自行车

---

① 徐承恩，刘克雨，赵伏，等. 2004. 石油安全和储备战略专题报告. 北京：中国工程院。

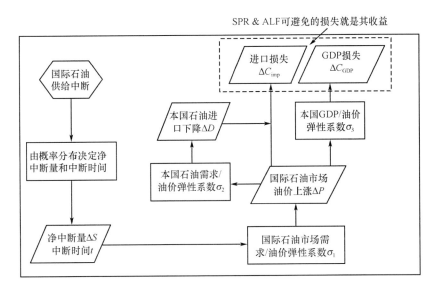

图 5-2　SPR 和 ALF 的收益计算原理示意图

厂招工；②迟滞效应，表现为由于对未来市场持观望态度而引起的投资和生产下降；③消费形式变化引起生产资料再分配，如新建节能生产线，停用老生产线。

建立石油战略储备或发展替代燃料，就是为了尽可能地避免这部分损失，而避免的损失就是它们的收益了。图 5-3 描述了发展替代燃料的收益和代价，是否存在"最佳点"，以及如何寻找"最佳点"是替代燃料损益分析中的关键问题。

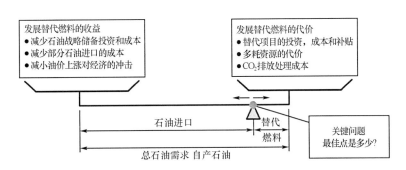

图 5-3　替代燃料损益分析计算原理示意图

5.3　煤基替代燃料案例分析

我国是一个多煤少油缺气的国家，所以在发展替代燃料的过程中，应该优先考虑煤基替代燃料，研究中选取煤直接制油为研究对象，对我国发展替代燃料进行案例分析，计算发展煤基替代燃料的成本和收益，并通过计算其净收益，分析是否应该发展替代燃料，应该发展多大规模的替代燃料。本节对 2010～2030 年我国替代燃料发展进行案例分析，包括：石油战略储备案例分析、替代燃料案例分析、组合案例分析。

5.3.1　数据输入

本节列出了我国煤基替代燃料分析模型的关键参数假设，如表 5-1 所示。

表 5-1　模型关键参数假设

参数	单位	取值
基准油价 P_0（SPR 购进油价）	美元/桶	70
SPR 单位基础设施投资	元/t	1000
煤变油单位基础设施投资	元/t	7260
年运行维护费用系数	%	7
资本回收系数	%	12
2030 年石油国内需求量	亿 t	7.4
2030 年煤炭国内需求量	亿 t	39
2010～2030 年石油国内生产量	亿 t/a	1.8
2006～2010 年 GDP 年均增长率	%	10
2011～2025 年 GDP 年均增长率	%	8.5
2026～2030 年 GDP 年均增长率	%	7
CO_2 排放因子（煤）	t/tce	2.72
CO_2 排放因子（石油）	t/toe	2.08
单位 CO_2 处理费用	元/t	150
煤制油效率	%	43

资料来源：徐承恩等，2004；Leiby and Bowman, 2000a, b；魏一鸣等，2006；We et al., 2008；Awerbuch and Sauter, 2006；王庆一, 2007；李政等, 2007；Zhang, 2006

5.3.2　石油战略储备最优规模分析

本节选择我国 SPR 进行案例分析，重点计算建立 SPR 的净收益，并分析是否应该建立 SPR，以及应该建立多大规模 SPR。图 5-4 展示了不同 SPR 规模下的损益情况。从图中可以看出：总支出与 SPR 的规模呈线性关系，而避免石油进口损失和避免 GDP 损失则与 SPR 规模呈一定的非线性关系。从图上可以得出的结论是，截至 2030 年，我国应该建立一定规模的 SPR，并在建立规模 1.9 亿 t 时将有最大收益约 1500 亿元。1.9 亿 t 的规模，是总石油需求量 7.4 亿 t 的约 1/4，这与有些国家的石油储备战略相似，即以国内三个月的石油需求量为标准建立石油战略储备（徐承恩等，2004）。

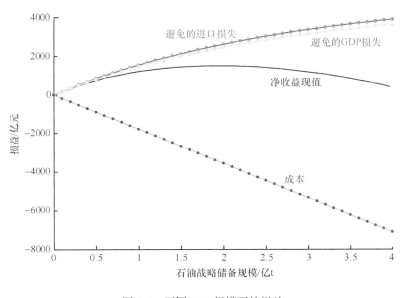

图 5-4　不同 SPR 规模下的损益

5.3.3　煤基替代燃料最优规模分析

本节选取煤直接制油进行最优规模分析，由于采用煤基替代燃料，将会产生额外的 CO_2 排放，这部分 CO_2 的处理成本，也应包括在替代燃料的成本中。

图 5-5 展示了不同煤变油规模下的损益情况，为了特别展示由于煤基替代燃料产生的额外 CO_2 的处理成本，图中将 CO_2 处理费用提炼出来单独画线。从图中可以看出：煤变油的生产成本和避免的进口损失是影响最终净收益的两个重要因素，CO_2 处理费用也不容小觑，但发展替代燃料对避免 GDP 损失的作用有限。净收益曲线有一个最优点，即表示截至 2030 年，我国应该发展规模为 1.2 亿 t 的煤变油时，将获得最大收益约为 300 亿元。

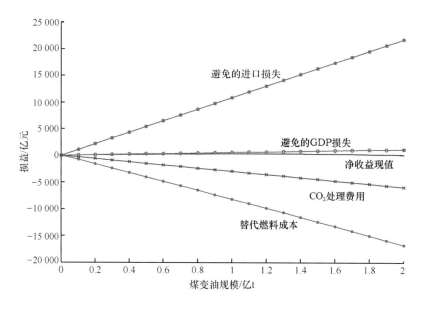

图 5-5　不同煤变油规模下的损益

5.3.4　石油战略储备与煤基替代燃料同时发展最优规模分析

前面两小节分别对单独建立石油战略储备和发展煤基替代燃料进行了案例分析，作为应对能源安全的两个不同手段，如果同时在我国建立石油战略储备和发展煤基替代燃料，将会有多大的收益？它们各自的最佳规模又将是多少？它们相互之间将有何影响？本小节依旧选取 2010～2030 年我国石油战略储备替代燃料发展进行案例分析，并就这些问题展开研究，计算结果如图 5-6 所示，其中图 5-6 （a） 为三维立体图，图 5-6 （b） 为对应的等高线图。

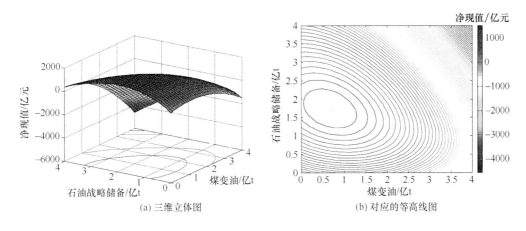

(a) 三维立体图   (b) 对应的等高线图

图 5-6   不同石油战略储备和替代燃料规模下的净收益

从图 5-6 可以看出，存在最佳的石油战略储备和替代燃料规模，使我国在应对石油中断时有最大的收益。计算结果表明在建立 1.7 亿 t 石油战略储备和发展 0.7 亿 t 替代燃料时，将有最大收益约 1600 亿元。从等高线图可以看出，在最佳规模附近，其收益也较大，所以图中中心圆圈内的点均可被认为是较优规模，即截至 2030 年，我国建设 1.5 亿~2 亿 t 石油战略储备，同时发展 0.5 亿~1 亿 t 的替代燃料，将有较大的收益。

与前面两个案例的分析结果相比，作为应对能源安全的两种不同手段，石油战略储备和替代燃料有一定的相互作用，图 5-7 展示了这种相互作用关系。

从图 5-7 中可以看出，可以得出以下几点结论：

1）两种手段有一定的补充作用，即多发展煤基替代燃料，就可以少建设石油战略储备规模，反之亦然。

2）两种手段对于能源安全的效果不同，相比而言，石油战略储备是保障能源安全的最有效的手段，总收益里面的绝大部分来自于石油战略储备，而煤基替代燃料只是一个补充的手段。

3）当石油战略储备建设到一定规模（约 3 亿 t）时，发展煤基替代燃料并不会产生额外的收益。

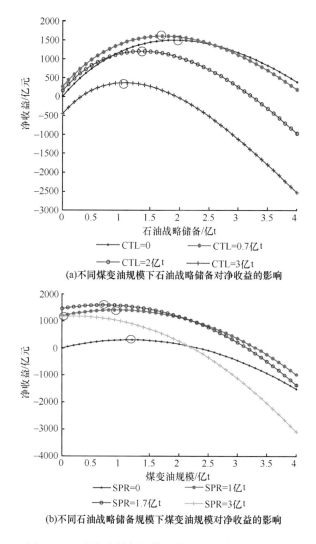

(a)不同煤变油规模下石油战略储备对净收益的影响

(b)不同石油战略储备规模下煤变油规模对净收益的影响

图5-7　石油战略储备规模和煤变油规模的相互作用

　　特别值得指出的是，本节只以煤直接制油为代表进行了煤基替代燃料的案例分析，且在进行分析时假设不再发展其他煤基替代燃料。但未来可能的煤基替代燃料还包括甲醇、二甲醚、烯烃等，如果考虑上述替代燃料的同时发展，只需将案例分析数据输入中的煤基替代燃料成本、效率等，用同时发展的综合数据取代，即可计算出各种煤基替代燃料共同发展时的最优规模。

5.3.5　煤基替代燃料案例分析中关键参数的敏感性分析

　　近年来，国际石油价格在波动中上扬，为使案例分析的结果更为可信，本研究将依据现实的情况，对损益模型中的关键参数进行敏感性分析。在影响能源安全的各个因素中，GDP/油价弹性系数和油价是其中最重要的两个参数，本节将对它们进行敏感性分析。

（1）GDP/油价弹性系数的敏感性分析

石油价格的涨幅将对国民生产总值（GDP）产生一定的影响，这一关系体现在 GDP/油价弹性系数上。影响 GDP/油价弹性系数的因素主要有三个：石油进口依存度、单位 GDP 的油耗水平和油价水平。本节根据不同文献的研究，对我国的 GDP/油价弹性系数分别取 -0.01、-0.02 和 -0.03 进行敏感性分析，结果如图 5-8 所示。

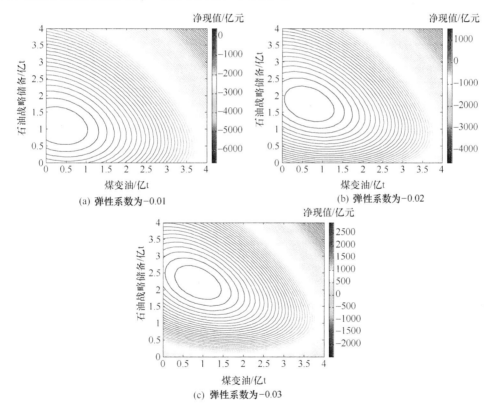

图 5-8　GDP/油价弹性系数对能源安全收益的影响

弹性系数的大小，表明油价对我国经济所引起的冲击的大小。弹性系数的绝对值越大，表明我国经济受油价影响就越大，反之亦然。从图 5-8 可以看出，GDP/油价弹性系数对于石油战略储备最优规模影响较大，而对替代燃料规模的影响较小。弹性系数从 -0.01 变到 -0.02 和 -0.03 时，石油战略储备的最优规模由 1.1 亿 t，变到 1.7 亿 t 和 2.2 亿 t，而煤变油规模由 0.5 亿 t，变到 0.7 亿 t 和 0.9 亿 t。

结果显示，随着 GDP/油价弹性系数绝对值的增加，我国需要建立的石油战略储备规模也将增加，发展更多的替代燃料，所获得的保障能源安全的净收益也将增大。

(2) 油价的敏感性分析

为了研究油价对替代燃料最优规模的影响，本小节分析了油价的小幅变动对替代燃料规模的影响的敏感性。结果如图 5-9 所示。需要说明的是，这里的油价并不表示当前值，而是表示对从现在到 2030 年油价的平均期望值。

从图 5-9 可以看出，油价小幅波动对于替代燃料最优规模影响巨大，

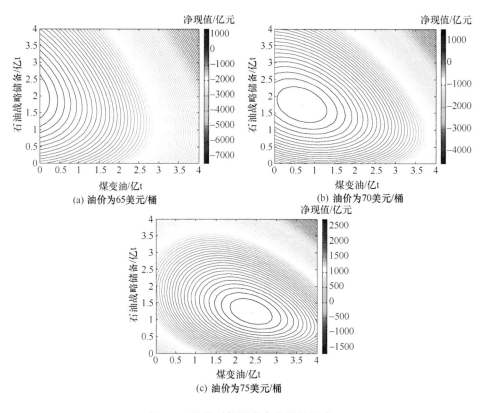

图 5-9　油价对能源安全收益的影响

而对石油战略储备规模的影响较小。结果显示，当油价低于每桶 65 美元时，不需要发展替代燃料，而当油价大于 75 美元/桶时，需要大力发展替代燃料。另外，随着油价的增长，保障能源安全的净收益也将增大。

从上面的结果可以看出，油价对于石油战略储备和替代燃料最优规模影响巨大。在不同的油价下，不一定存在最优规模，在较多的情形下，要么可以大力发展替代燃料，要么不必要发展替代燃料。一般来说，在油价偏高的情况下，应该大力发展替代燃料，反之，则不应该发展替代燃料。

5.4　结论

本章通过分析能源安全的内涵，以及石油战略储备和煤基替代燃料在能源安全中的作用，认识到在分析石油战略储备和替代燃料在保障能源安全过程中，需要做损益分析。本章通过对已有的石油战略储备最优规模的相关算法的研究和借鉴，建立了能源安全损益模型，不仅对石油战略储备进行了最优规模研究，还对替代燃料最优规模进行了分析，并阐述了两者在保障能源安全中的相互作用关系。本章的结论如下：

1）能源安全问题的本质是经济和价格问题而不是供应短缺问题，能源安全总体包括资源安全和价格安全两部分。在很长的时间尺度内，能源安全主要是价格安全。

2）石油战略储备和替代燃料是保障能源安全的两种不同手段，其收益主要来源于在石油供应发生中断时，所避免的进口损失和 GDP 损失。但在建立战略储备或发展替代燃料时，存在利益权衡的问题，需要系统性思考和综合权衡利弊。

3）通过对能源安全的成本与收益建模分析表明，在保障能源安全的过程中，石油战略储备和煤基替代燃料均有一定的最优规模，在基准情景假设下，同时建立 1.5 亿~2 亿 t 石油战略储备和 0.5 亿~1 亿 t 替代燃料时，可确保能源安全有最大的收益。

4）建立石油战略储备和发展替代燃料对于保障能源安全有一定的补充作用，即多发展替代燃料，就可以缩小石油战略储备规模，反之亦然；但两种手段对于能源安全的效果不同，相比而言，石油战略储备是保障能源安全的最有效手段，总收益里面的绝大部分来自于石油战略储备，而替代燃料只是一个补充的手段。

5）在保障能源安全的过程中，GDP/油价弹性系数是影响石油战略储备的最主要的参数。

6）在进行替代燃料发展决策时，要充分考虑到未来油价的走势，并做相应的损益分析。

第6章 | 多联产系统的研发现状及定义

以提高物质和能量综合利用效率以及减少污染物排放为目的，将以煤为原料、分别单独生产电力和化工品的传统工艺过程有机耦合在一起所形成的新型电力和洁净燃料联合生产系统称为煤基多联产（能源）系统。近年来，多联产是一个热门话题，不少业内行家认为"多联产是煤化工的发展方向"。但对于多联产是什么，存在各种不同的描述。本章在总结国内外多联产系统研究及示范装置运行情况的基础上，对多联产系统的分类和定义进行了探讨，并给出了主要结论。

6.1 多联产系统研究现状

6.1.1 多联产系统的新特征

多联产系统是一种区别于传统热力系统的现代热力系统。与传统热力系统"以化石燃料为原料，以动力和热能（包括冷能）为产品，内部过程以热力循环为核心，主要涉及物理能的转化"的基本特点相比，多联产系统的新特征（倪维斗和李政，2011）主要包括以下3个方面。

1）在系统输出产品方面，多产品联产成为不可避免的趋势。这种多产品不仅是指传统热力产品（动力、热能等）和冷能、灰渣等易得产品的简单联供，而且向与燃料和化工产品的集成联合生产，即多联产的方向发展。在温室气体日益成为关注热点的情况下，高浓度 CO_2 实际上也成为各种热力系统的重要产品。

2）在内部过程和学科内容方面，物理能的高效转换过程不再是唯一的核心内容，化学能和物理能的综合梯级利用以及热力过程和化工过程的耦合和集成正在成为主要的研究内容。此外，由于任何技术科学研究都不可避免地以发展为实用、商业化技术为最终目的，因此与热力系统在使用周期内的运行、维护、可靠性、可用率等相关的科学问题，以及关联技术性能和投资造价成本以及最终产品成本的经济性评价方法也是现代热力系统研究中的重要内容。

3）在研究对象的层次和规模方面，现代热力系统的规模日趋扩大，成为真正意义上的复杂巨系统。传统热力系统一般包括过程、设备和系统三个层次。系统层次的规模最终表现为生产单一或少数产品的各自为政的工厂。出于提高能源利用效率和实现循环经济的目的，现代热力系统的规模在朝纵向和横向两个方向扩展。纵向是以能源梯级利用为特征的单厂生产过程的延长和扩展（如 IGCC 扩展为多联产）；横向是单个工厂向生态工业园区的演变。

6.1.2　多联产系统的研究内容

自从多联产系统概念提出以后，有关多联产系统的研究工作也从多个角度展开（倪维斗和李政，2011；金红光和林汝谋，2008；李文英等，2011），包括针对化学能物理能梯级利用的能量转换机理研究；联产系统过程设计及合成；系统的变工况及变负荷运行特性分析；针对多联产系统的涉及 3E 特性、运行风险分析、全生命周期分析等的全方位评价及评价方法的研究等，此外还有针对多联产系统对我国能源、环境、社会等不同角度的战略意义以及发展过程中可能面临的障碍等相关的政策分析等。

多联产的基本思想是将动力领域和化工领域的各种先进技术组合在一起，形成能源技术的"联合舰队"，向系统要效益、向耦合要效益。因此，除具体的过程关键技术（如催化剂、合成反应器，燃气轮机等）外，系统集成研究具有统领全局的重要作用，即如何设计系统结构和参数，使其不仅具有较高的设计工况效率，而且满足各种变工况运行和操作要求（可操作性）以及在此条件下的可靠性、可用性和可维护性要求，使得系统在整个生命周期内具备最大的经济效益和环境效益。清华大学提出了多联产系统集成理论研究框图（图6-1），为多联产系统的系统集成研究提供了学术思路。其核心研究内容可以分成三个方面。

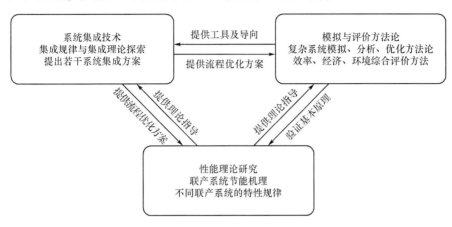

图 6-1　多联产系统集成优化理论体系模型

资料来源：刘广建，2007

1）联产系统性能理论研究。其内涵在于：①基于物质和能量转换过程所依据的基本原理，分析联产系统的能量梯级转换和利用过程以及物料，尤其是污染物生成和转换的过程，从而认识和揭示提高能量利用效率以及控制和富集污染物的原理和机制；②认识多联产系统性能随流程配置形式、单元技术选择、系统参数设置的作用规律，并提炼用于指导联产系统设计的准则。性能理论的研究，将为设计、优化和创新系统流程奠定理论基础。

2）系统的模拟与评价方法研究。由于动力和化工过程的有机结合，多联产系统呈现了远比单独动力或化工系统复杂的特性和更大规模的系统，原有的过程模拟方法如何有效地进行新系统的模拟，是需要解决的首要问题。同时，对模拟的结果只有进行恰当的分析和评价，才能有效指导系统的改进和优化。随着人们对世界的认识不断深入，所关注的目标趋于多元化，系统复杂度逐步增加，给系统的分析评价带来了新的挑战。系统分析的深度和广度比传统方法有了较大的扩展，迫切需要多种新的系统分析方法和建立能量、经济、环境综合评价方法。

3）系统的集成优化方法。多联产系统的复杂性和多样性给系统集成带来了许多不确定性。一方面需要根据基本理论和典型系统的分析评价，总结提炼出系统集成的一些基本原则和典型系统特性的变化规律；另一方面要形成系统设计、优化的一套方法、步骤，最终表现为新系统方案的集成与创新，同时也为基础理论和系统模拟评价方法学的研究提供必不可少的对象。

总体来说，基础理论是源泉，为其他两方面的发展提供理论指导；模拟评价方法是工具，为系统改进提供标准和导向，并催生基本理论的发现和创新；系统集成方法则是在其他两者基础上，形成的系统构思的基本原则和系统改进的方法、多目标优化方法。三方面相互影响，在实践中共同发展，但又相互独立，具有各自的体系和特色。

6.2　多联产系统示范装置运行情况

目前国内外正在实施若干多联产科研计划与示范工程项目，许多学者进行了相关研究。一些国际组织和国家将联产系统作为洁净煤技术的战略选择，并拟依靠它来实现能源系统近零排放。图 6-2 列举了目前多联产系统发展的几种主要模式，国外的多联产模式主要有：美国 1998 年提出的"Vision 21"多联产系统；2003 年初提出的多联产"Future Gen"能源项目；荷兰 Shell 公司提出的 Syngas Park 多联产系统；日本 1998 年提出的EAGLE 联产计划。国内多联产模式主要有：兖矿集团 2003 年提出的基于IGCC 的甲醇-电联产系统；太原理工大学 2005 年提出的"双气头"多联产模式。

在美国的得克萨斯州的 LaPorte，美国空气产品和化学品有限公司（Air Product & Chemicals）和伊斯曼（Eastman）化学品公司合作在美国能源部（DOE）资助下于 1995 年开始建立甲醇液相反应器技术（LPMEOH™）、二甲醚液相反应器技术（LPDME）的商业示范工厂，1997 年建成，已经具有数年的运行经验。新的煤基甲醇和电力联产示范

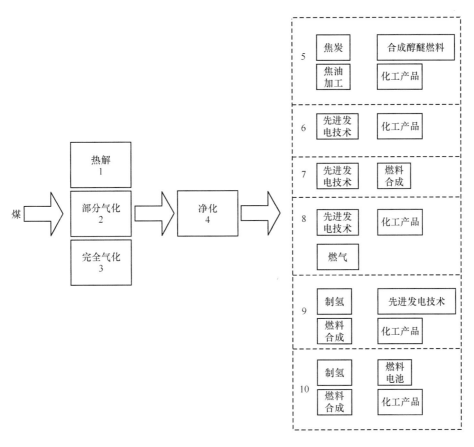

图 6-2　国内外多联产系统发展模式

注：清华大学：3+4+10；浙江大学：1+2+4+5；太原理工大学：2+4+5；中国科学院过程所：2+3+4+9；日本新能源计划 EAGLE：3+4+7；美国早期甲醇与电力联产：3+4+6；美国能源部 EECP 计划多联产：3+4+7；美国 21 世纪展望：3+4+10；Shell 合成气园：3+4+8。

工程如图 6-3 所示，主要目的是评估以煤或者其他含碳燃料为原料的化工产品和电力联产的可行性。煤或其他燃料制得的洁净合成气一部分直接用于联合循环发电，另一部分通过一次液相反应器合成甲醇，未反应气体再送入联合循环发电。生产的甲醇除了作为产品销售外，一部分可以作为联合循环的备用燃料，也可以在单独的发电系统中作为调峰发电的燃料。分析表明，系统具有很高的灵活性（燃料适应性和基于市场需求的灵活产品体系，良好的负荷跟踪性能，与先进单元技术良好的集成能力），可望保证 IGCC 部分作为基本负荷发电性能良好（气化炉可用率由设计的 96% 降为出现不可预知情况下可用率为 84% 时，储存的甲醇保证发电单元仍可以达到93%的出力），而高附加值的甲醇产品也可以降低单独 IGCC 发电的昂贵费用，获得较好的经济效益。

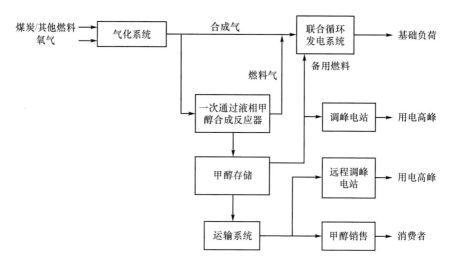

图 6-3　LaPorte 单程通过液相甲醇和电力联产示范项目

资料来源：DOE，2007

一些国际著名公司，如 BP 公司、GE 公司、Air Products and Chemicals 公司、Shell 公司等也都在进行煤炭联产系统的研发和适宜联产系统的关键技术突破。如 Shell 公司提出 Syngas Park（合成气园）的概念，亦以煤的气化或是石油和渣油气化为核心，所得的合成气用于 IGCC 发电，用一步法生产甲醇和化肥，同时作为城市煤气供给用户如图 6-4 所示。

图 6-5 为兖矿集团"十一五"煤气化多联产项目规划示意图。该规划系统在现有洁净煤技术研发工作基础上，完成大型煤气化的工业化示范，建成百万吨级煤间接液化工业化示范装置，完成多联产系统集成研究；建设符合国家要求的煤气化、费托合成、先进发电及化工产品的多联产系统示范基地。在单元技术上，大型煤气化工艺采用自主研发的多喷嘴对置式水煤浆气化技术，大规模甲醇合成工艺采用国内技术，乙酸工艺采用自主知识产权的甲醇低压羰基合成技术，煤的间接液化工艺采用自主知识产权的低温费托合成技术，燃气轮机采用自主知识产权的技术。

浙江大学是国内较早开发以煤热解气化为核心的煤分级转化综合利用

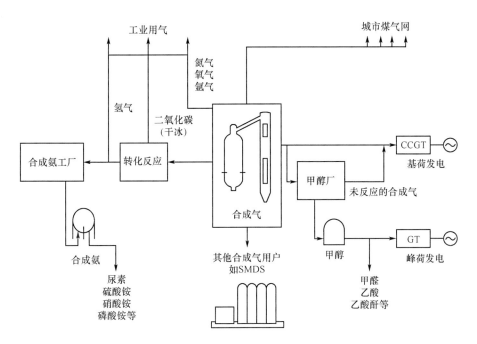

图 6-4　Shell 合成气园工艺流程示意图

资料来源：焦树建，2000

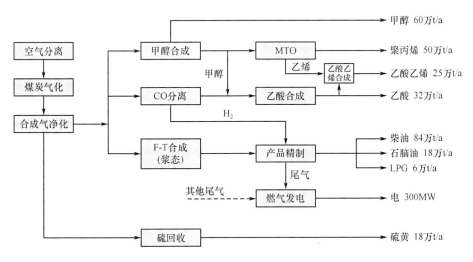

图 6-5　兖矿集团"十一五"煤气化多联产项目规划示意图

资料来源：李刚和韩梅，2008

的研究单位之一。早在 1981 年就提出了循环流化床煤热解气化热、电、气多联产综合利用方案。为了验证方案的可行性，在其实验室建立了一套 1MW 热态试验装置，对不同的煤种和不同运行参数进行了大量试验，证实了技术上和工艺上的可行性。利用该技术开发了 12MW 及 300MW 循环流化床多联产装置。

图 6-6 为该多联产技术的基本工艺流程图,基本工艺为:循环流化床锅炉运行温度为 850～900℃,大量的高温循环灰被携带出炉膛,经分离机构分离后部分作为热载体进入以再循环煤气为流化介质的流化床气化炉。燃料(煤)经给料机进入气化炉和作为固体热载体的高温循环灰混合受热。煤受热裂解,析出高热值挥发分。煤在气化炉中经热解所产生的粗煤气、焦油和细灰颗粒进入气化炉分离机构,经分离后的粗煤气进入煤气净化系统,经洗涤塔、电捕焦油器后,部分粗净化后的煤气通过煤气再循环风机加压后送回气化炉底部,作为气化炉的流化介质,其余煤气则进入脱硫等设备继续净化变成净煤气供民用或经变换、合成反应变成甲醇等液体燃料。电捕焦油器收集下来的焦油提取高附加值产品或改性成高品位合成油。煤在气化炉热解气化后的半焦和循环物料以及煤气分离器所分离下的细灰及半焦一起通过返料机构进入循环流化床锅炉燃烧,把从气化炉来的

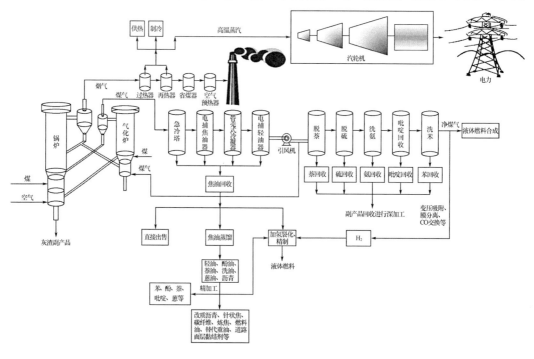

图 6-6 浙江大学多联产技术的基本工艺流程图

资料来源:岑建孟等,2011

低温循环物料加热后再送至气化炉以提供气化所需热量,同时所生产的水蒸气用于发电、供热及制冷等。

2005 年,太原理工大学煤科学与技术教育部和山西省重点实验室在完成"973"项目"煤的热解、气化和高温进化过程的基础性研究"和"以煤洁净焦化为源头的多联产工业园构思"基础上,提出了"气化煤气与热解煤气共制合成气的多联产模式"(简称"双气头"多联产),总体框架如图 6-7 所示。

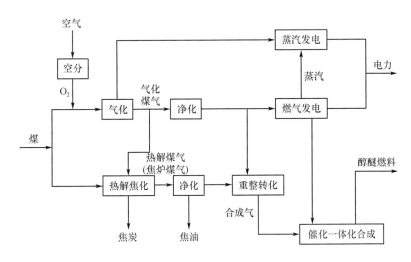

图 6-7　气化煤气、焦炉煤气双气头为核心的多联产框架图

资料来源:李文英等,2011

对"双气头"多联产系统的研究主要出于两个方面的需求。首先,以单一煤气化为气头的多联产系统需通过水煤气变换反应调整粗煤气中的氢碳比以满足合成部分的需要,这不仅增加了系统和技术的复杂性,导致了能量损耗,而且增加了 CO_2 排放(每产生一分子氢,就会产生一分子的 CO_2)。其次,一个不容忽视的现实是我国的焦炭生产量、消费量、出口量均居世界第一位,但大量的焦炉煤气(COG)得不到有效利用、直接放空燃烧,不仅浪费了宝贵的资源,也严重污染了环境。

"双气头"多联产系统利用大规模煤气化技术,将气化煤气富 CO_2、焦炉煤气富 CH_4 的特点相结合,进行催化重整生成 CO 和 H_2 以满足后续化工合成的氢碳比要求,从而免除了气化煤气需要通过水煤气变换来调整合成气的成分，并通过与焦炉煤气催化重整过程增加了有效气体的量。这样既可达到充分利用焦炉煤气、实现 CO_2 减排、降低系统能量损耗的目的，又可以简化系统流程及降低设备投资。

6.3 多联产系统的分类

6.3.1 以煤气化形式分类

基于煤气化技术的不同，目前多联产系统的主要技术方向可以分为三类：①以煤热解燃烧为核心的多联产系统；②以煤部分气化为核心的多联产系统；③以煤完全气化为核心的多联产系统。

以煤热解燃烧为核心的多联产系统主要用热载体提供煤热解所需的热量生产中热值煤气及焦油，热解产生的半焦送入锅炉，作为燃料燃烧产生蒸汽，用于发电和供热，从而在一个系统中实现以煤为原料，以热、电、气及焦油为产品的多联产。煤热解多联产系统对于联合循环发电或同时需要煤气和热量的工厂是较为经济的，不仅简化了气化炉的结构，降低了投资，而且可以提高碳的利用率，减少环境污染。根据气化反应装置和热载体性质的不同，该技术目前主要有以流化床煤热解气化为核心以及以移动床煤热解气化为核心的热、电、气、焦油多联产技术和以焦热载体煤热解气化为核心的热、电、气、焦油多联产技术。此外，可以通过调整气化系统反应参数，使得产品组成随着对目标产品的不同需求而变化，从而实现热、电、气或热、电、气、焦油的多联产。

以煤部分气化为核心的多联产技术，主要是将煤在气化炉内进行部分气化产生煤气，没有被气化的半焦进入锅炉燃烧产生蒸汽以发电、供热。部分气化产生的煤气视成分不同分别用于不同用途。如空气气化产生的煤气由于氮气含量高、热值较低而用于燃气-蒸汽联合循环发电。而氧气气化产生的合成气一般可以直接作为燃料气供应，如民用燃气、生产工艺燃气和燃气-蒸汽联合循环发电等，也可经过转化生产各种丰富的化学产品，如甲醇、二甲醚及乙二醇等。另外，在热、电、气多联产系统中，还可获得其他副产品，如硫黄及 CO_2 等，煤灰渣中可提取钒等贵重原料，或可作为建筑原料。

以煤完全气化为基础的热、电、气多联产技术就是将煤在一个工艺过程——气化单元内完全转化，将固相炭燃料完全转化为合成气，合成气可以用于燃料、化工原料、联合循环发电及供热制冷等，实现以煤为主要原料，联产多种高品质产品，如电力、清洁气体、液体燃料、化工产品以及为工业服务的热力。

6.3.2 以产品形式分类

多联产的主要目标之一是在尽可能提高系统效率的前提下，将化石能源中的 C、H、O 元素最大限度地转化为能量产品（热/冷能，电能）和可存储并适应社会需求的化工产品，化工产品载体的选择随多联产工艺、技术的改变和以此化工产品为原料的下游工艺链的改变而不同。此外，联产过程中通常存在"以化补电"的现象，即以化工产品效益来补偿煤气生产和发电过程中的亏损，以平衡整个工程的经济效益。

目前的多联产发展模式中，煤基多联产化工产品主要包括：燃料甲醇、二甲醚、甲酸、乙二醇、煤制天然气、煤基低碳烯烃（包括 MTO 和 MTP）等。

6.3.3 以流程结构形式分类

根据多联产系统流程结构形式及集成程度不同，多联产系统可以分为并联型多联产系统和串联型多联产系统两大类。

根据集成程度不同，并联型多联产系统可以分为简单并联型多联产系统和综合并联型多联产系统（金红光和林汝谋，2008；金红光等，2001）。其中简单并联型多联产系统是指化工流程与动力系统以并联的方式连接在一起，合成气平行地供给化工生产过程和动力系统，它没有突破分产流程各自独立、以提高原料转化率与能量利用效率为目的的本质，基本上保持原来分产流程的固有结构，系统优化整合侧重于物理能范畴。系统整合的主要体现的是回收化工过程驰放气用作动力系统燃料。综合并联型多联产系统是在简单并联型多联产系统基础上综合优化整合两个用能系统，使得物理能综合梯级利用（热整合）更合理。与简单并联型多联产系统相比，它更加强调化工侧与动力侧的综合优化，取消了化工流程的自备电厂，在更大的范畴内按照"温度对口、梯级利用"的原则实现热能的综合利用；在回收驰放气的基础上，采用废热锅炉回收混合气余热，化工合成反应副产蒸汽送往动力系统做工发电、利用低温抽汽满足精馏单元热耗等措施，实现系统更完善的热整合，进一步提升系统性能。

串联型多联产系统可以分为简单串联型多联产系统和综合串联型多联产系统。其中简单串联型多联产系统是指化工流程与动力系统以串联形式连接在一起，合成气首先经历化工生产流程，部分组分转化为化工产品，没有转化的组分再作为燃料送往热力循环系统。其主要特征为：合成气组分的无调整和未反应气的一次通过。综合串联型多联产系统是在简单串联型基础上通过综合优化整合发展而来，其主要特征为：无成分调整的净化气与未反应气适度循环利用方式综合优化整合，通过组分转化与能量转换利用的有机耦合，更好地体现多联产系统集成原则思路。

6.4 多联产系统的定义

多联产系统尚无统一的定义。一种意见着重于强调多种产品的产出，即在同一个厂内同时生产电力、热能、城市煤气、可综合利用的灰渣等多种产品时，就可以认为是多联产；另一种意见则强调化工生产和电力生产的有机关联。

针对以上分歧，本章提出了广义多联产和狭义多联产的概念，分别阐述如下：

广义多联产定义为：以煤气化技术（包括煤完全气化，部分气化，热解等）为"龙头"，从产生的合成气来进行跨行业、跨部门的联合生产，以同时获得多种高附加值的化工产品（包括脂肪烃和芳香烃）及多种洁净的二次能源（气体燃料、液体燃料、电力等）的优化集成能源系统。

狭义多联产定义为：利用已参与化工合成后的合成气再去发电的利用方式称为（化工-动力）多联产。其特征为以下三点。

1）只有进入化工合成反应器参与了化工合成，而其中未转换的尾气被抽出去下游发电工段参与发电的那部分合成气称为"联产合成气"。串联系统中，全部的合成气均为联产合成气。

2）在并联系统中，只有分流到化工合成段参与合成的那部分合成气是联产合成气，而直接通往发电工段燃烧发电的那部分合成气，不是联产合成气，其本质是电力分产。

3）在传统化工生产过程中，如果驰放气用于发电，其本质上也是化工-电力多联产，只不过因为发电的量小，而被称为余能利用。在此涉及的多联产，一般指发电量与化工产品的产量具有相当的水平。但具体的比例如何，目前尚无定论，需进一步研究。

6.5 结论

多联产系统体现了我国未来能源系统的发展方向，符合循环经济的原则，作为我国可持续发展能源系统的重要组成部分，潜力是巨大的。就目前发展趋势来看，基于 IGCC 的多联产系统将是最具有发展潜力的，该种模式的多联产系统已经获得广泛关注，并且已经成功进入商业化示范运行阶段。

多联产系统尚无统一的定义。本章提出了广义多联产和狭义多联产的概念，其中广义多联产系统着重于强调以煤气化（包括完全气化、部分气化和热解等）为龙头，多产品输出的能量系统；狭义多联产系统从化工生产流程和动力系统的特点出发，强调化工生产和电力生产的有机关联。

第7章 | 多联产发展的规模和布局分析

　　甲醇作为多联产系统的主要化工产品,是煤制甲醛、乙酸、二甲醚、烯烃等化工过程的主要工业原料,也是煤基替代燃料的重要中间体。本章首先对我国甲醇消费的现状和未来前景进行分析,在此基础上提出未来我国多联产系统发展的规模和布局建议。

7.1 中国甲醇的消费现状和未来预测

7.1.1 甲醇消费现状

　　近年来,随着我国化学工业的迅速发展,甲醇消费增速较快。从2001年至今,我国甲醇表观消费量一直呈上升势头,年均增长达到21.7%,2010年表观消费量达到2092万t。目前我国甲醇的主要下游产品有甲醛、二甲醚、甲基叔丁基醚(MTBE)、乙酸、甲醇汽油等,其中甲醛占总消费的比例超过33%,是甲醇最大的应用领域,二甲醚占总消费的21%,MTBE占总消费的15%,甲醇燃料占总消费的16%。

　　目前,我国甲醇的主要消费地区是华东和华南,这两个地区也是甲醛、MTBE等下游产品生产的集中地。甲醇燃料的消费地区主要集中在山西、陕西等地。2010年,我国甲醇进口主要集中在华东和华南地区,江苏省占进口量的54%,广东省占23%,浙江省占10%,这与甲醇消费地区分布是一致的。

7.1.2　甲醇进出口现状

2008 年之前的几年，国内甲醇进口量逐年降低，2007 年甲醇进口量由 2002 年的 180 万 t 减少至 84.5 万 t。自 2008 年 3 月起，中东过剩甲醇以现货形式流入亚洲市场，由于东南亚、东北亚市场需求低迷，我国进口甲醇逐渐增多，2008 年全年进口甲醇 143.4 万 t，同比增加 69.7%。

《车用燃料甲醇》（GB/T23510—2009）和《车用甲醇汽油（M85）》（GB/T23799—2009）国家标准分别于 2009 年的 11 月 1 日和 12 月 1 日起实施，表明国家已将甲醇列入能源产品，甲醇从此有了基础有机化工原料和能源产品的双重身份。正是由于甲醇身份的改变，全球甲醇生产和经销商均瞄准了中国市场，不惜以低价占领中国市场。据海关统计，2009 年我国甲醇总进口量超过 520 万 t，为 2008 年进口量的 3.6 倍，2010 年进口量更是达到了 529 万 t。

从进口来源地看，我国甲醇进口主要来自中东国家。2010 年，从伊朗、沙特阿拉伯、阿曼、卡塔尔、巴林五国进口的甲醇达到 418.78 万 t，占总进口量的 79.2%。

从出口来看，2008 年之前的几年我国甲醇出口量保持逐年上升的趋势，2007 年达到高峰，出口量为 56.3 万 t。受全球金融危机的影响，2008 年甲醇出口量有所减少，出口总量为 36.8 万 t，较 2007 年缩减约 35%。2009 年，受行业贸易摩擦的影响，我国甲醇出口严重受阻，全年出口量仅为 1.4 万 t，2010 年更是降到了 1.2 万 t。我国甲醇主要出口至韩国、印度尼西亚和朝鲜，2010 年出口到这三个国家的甲醇总量为 1.11 万 t，占当年总出口量的 92.5%。

7.1.3　甲醇消费预测

(1) 用于生产甲醛

我国甲醛主要用于生产木材加工黏合剂，其次是酚醛树脂等。近年来，我国甲醛产量保持快速增长的势头，已由 2001 年的 234 万 t 增加到 2008 年的 810 万 t，年均增长 19%。2009～2010 年，房地产市场的异常活跃带动了国内房屋装修市场，也促进了木材加工黏合剂的消费，进而导致国内甲醛产量的猛增，2009 年国内甲醛产量达 1584 万 t，同比增长 96%。

未来几年，国内甲醛仍将有较好的发展势头。一方面，用于木材加工、室内装饰装修的三醛胶仍是甲醛最大的消费领域，其对于甲醛的需求量将稳步增长。另一方面，聚甲醛（POM）作为重要的工程塑料，市场需求量将会逐年增长。按照 GDP 增长率为 7%（《中华人民共和国国民经济和社会发展第十二个五年规划纲要》确定的国内生产总值年均增长率）估算，2015 年国内甲醛的需求量将达到 2380 万 t。按生产 1t 甲醛需要 0.47t 甲醇计算，届时生产甲醛大约需要消耗甲醇 1100 万 t/年。同样按照 GDP 增长率 7% 估算，2020 年、2030 年生产甲醛大约分别需消耗甲醇 1550 万 t/a、3000 万 t/a。

（2）用于生产乙酸

我国乙酸生产始于 1953 年，到 2005 年年底，乙酸年生产能力已突破 200 万 t。由于近年来我国煤化工产业发展迅猛，煤化工基础产品甲醇产能迅速增加，市场吸纳速度慢于产能增长，因此许多甲醇企业为消化和延伸产品链，纷纷规划建设乙酸项目，从而导致乙酸产能增长迅速。截至 2009 年年底，国内乙酸产能已达 479.5 万 t/a，据估算，2010 年国内产能超过 600 万 t/a。但由于需求的增长不及产能的扩张，2009 年国内乙酸产量仅为 297 万 t，2010 年为 384 万 t，这两年装置开工率均不超过 65%。

2010 年我国乙酸表观消费量为 368 万 t，主要应用于乙酸酯，占乙酸总消费量的 25.2%；其次是乙酸乙烯、PTA（精对苯二甲酸）和乙酸酐，分别占乙酸总消费量的 17%、15.8% 和 9.4%。乙酸酯类替代苯类做溶剂，有利于环境保护，将在涂料等行业中有较好发展空间。与此同时，受聚酯和涤纶工业快速发展的带动，PTA 需求将有较大幅度的增长，其对乙酸的需求也会同步增长。同样按照 GDP 增长率为 7% 估算，2015 年国内乙酸需求量为 516 万 t。若按生产 1t 乙酸需要 0.6t 甲醇计算，则需要消耗甲醇 300 万 t/a 左右。同样按照 GDP 增长率 7% 估算 2020 年、2030 年生产乙酸大约分别需消耗甲醇 420 万 t/a、828 万 t/a。

（3）用于生产甲基叔丁基醚（MTBE）

尽管美国禁用 MTBE，欧洲国家以乙基叔丁基醚代替 MTBE，但中国改善空气质量的压力远大于 MTBE 对水源的污染，所以未来几年 MTBE 仍将是中国提高汽油辛烷值的重要调和组分。随着我国油品产量的不断增加和质量的不断升级，汽油调和组分的使用量势必会增加，但考虑到甲醇汽油、乙醇汽油因素的影响，我国 MTBE 的需求量将不会有很大的增长。

（4）用于生产甲醇汽油

《车用燃料甲醇》和《车用甲醇汽油（M85）》国家标准的颁布实施，使甲醇汽油的推广有了政策依据。我国已在陕西、山西等地实施了甲醇汽油的封闭销售，拥有了一定的推广经验。但是，我国甲醇汽油的推广仍然处于一个尴尬的局面，已实施的标准仅适用于高比例甲醇汽油，且需要对汽车进行改造，影响用户的积极性。同时，由于涉及添加剂等相关问题，低比例甲醇汽油的国家标准迟迟未出台，低比例甲醇汽油销售无法可依。对于低比例掺混汽油来说，国家标准的出台可能成为甲醇汽油市场需求猛增的主要因素。

一个利好的消息是，尚华科技公司自主开发了新型甲醇燃料 GQME（汽油）和 GPFME（柴油），在不用任何添加剂的情况下，解决了甲醇汽油涉及的腐蚀和溶胀等主要问题，在 2010 年建成 10 万 t/a GQME 示范装置后，已分别在山东、宁夏、安徽、江苏新建了 100 万 t/a 工业化装置。该技术是将甲醇按 40% 和 60% 的比例分别与汽油和柴油混合，在常温、常压条件下通过化学反应，将甲醇转化为一种与汽油外表特征、物理性能相类似的改性甲醇制品，其性能基本达到欧Ⅳ汽油标准，且不需清洗车辆油箱，实现与现有汽油的任意比例混合。

由于 GQME 和 GPFME 甲醇燃料目前仅处于工业化阶段，大规模推广尚需时日，若在山东、宁夏、安徽、江苏新建的 100 万 t/a 装置能够满负荷生产，并按照 40% 的掺混比例计，需要 160 万 t 左右的甲醇。如果按照 GDP 年均增长率 7% 计算，2015 年国内汽油消费需求量约为 1 亿 t，甲醇按照 15%（M15）的掺比计，需要 1500 万 t 的甲醇。总体来说，到 2015 年，在甲醇汽油方面预计消耗甲醇约 1660 万 t/a，2020 年、2030 年消耗甲醇约 2104 万 t/a、4139 万 t/a。

（5）用于生产二甲醚

二甲醚具有无污染、燃烧热值高等优点，不但可以用作民用燃料，还能够作为柴油替代产品。目前市场上二甲醚以液化石油气掺烧为主，主要应用于城镇和乡镇燃气，两者占总消费量的 70% 左右，工业用占 20% 左右。目前，国家已制定《城镇燃气用二甲醚》国家标准（GB 25035—2010），该标准于 2011 年 7 月 1 日正式实施。这一标准明确规定，二甲醚作为城镇燃气只能纯烧，而且要求专瓶专用。该标准的实施，预示着二甲醚混掺液化石油气之路将被封死，这势必大大降低二甲醚市场的需求量，如果没有新的政策出台，二甲醚市场需求不会有很大的反弹。

另外，随着中亚天然气管线和西气东输二线的建成投产，以及煤层气产量、液化天然气进口量的增加，我国天然气供需矛盾有所缓解。尤其是随着国内外炼油能力的增长，液化石油气产量将明显增加，供不应求的状况有望得到根本好转。在这种情况下，热值不如液化石油气，传输与使用方便性不如天然气的二甲醚，需求量将难以增长。我国二甲醚估计年消耗甲醇 500 万 t。

（6）用于生产烯烃

到 2020 年，预计我国煤制烯烃规模约为 800 万 t/a；按照年均 7% 的增加率估计，到 2030 年，我国煤制烯烃规模约为 1573 万 t/a。按照转化比例 2.92∶1 计算，2020 年、2030 年我国烯烃消耗煤制甲醇量 2336 万 t/a、4593 万 t/a。

综上分析，2020 年、2030 年国内甲醇需求量在 6910 万 t/a、13 060 万 t/a 左右。

7.2　煤基多联产系统发展的规模和布局

要实现我国社会经济发展目标，电力需求必将快速增长。而我国的电力主要依赖于煤炭的格局在相当长一段时间内难以改变，预计到 2030 年我国煤电仍将保持较高的比例，据预测，为满足电力需求，全国发电装机总规模 2020 年约 17.1 亿 kW，其中煤电 10.4 亿 kW；2030 年总装机 23.5 亿 kW 左右，其中煤电 13.5 亿 kW。

目前我国煤炭利用方式主要是直接燃烧，能源利用效率较低，而且污染排放量大。煤炭燃烧排放的污染物是我国大气污染物的主要来源，占各类污染物总排放的比例是：SO_2 为 90%、NO_x 为 67%、烟尘为 70%、CO_2 为 70%，重金属以及可吸入颗粒物的污染也日益受到关注。在温室气体方面，我国目前 CO_2 排放量已超过美国居世界第一位。虽然人均数值不高，但由于拥有庞大的人口，据测算，2004～2030 年，我国 CO_2 排放量将从 47.7 亿 t 上升到 104.2 亿 t，其中来自煤炭的比例分别为 81.7% 和 78.3%。未来一个时期内，我国能源的发展将面临全球减排温室气体呼声的巨大压力。

同时解决能源规模、效率和环保问题是未来我国能源体系建设面临的重大挑战。能源消费总量的快速增长，能源转换效率的低下，以及在能源生产、转换和使用中带来的环境污染、生态系统破坏等问题，已成为中国社会、经济发展的巨大障碍。随着全球变暖的加剧，在减少 CO_2 排放方面，我国也面临着越来越大的国际压力。发展高效、洁净、低成本、灵活和可靠的先进能源动力系统，是未来我国能源体系建设的重大需求。

以整体煤气化联合循环（IGCC）为代表的清洁煤发电技术效率高（目前已达 43%），排放低 [$SO_2 < 10mg/Nm^3$（@ 16% O_2）[①]，$NO_x < 10mg/Nm^3$（@ 16% O_2）]，具备 CO_2 低成本捕集的条件，并且效率提高潜力巨大（通过先进煤气化、燃气轮机及净化等关键技术和先进动力系统的发展，可在现有基础上提高 15 个百分点以上），被普遍认为是 21 世纪我国建设大规模以煤为主的高效洁净能源动力系统的重要技术选择方向。以煤气化为基础，将 IGCC 发电技术与煤基燃料、化工品生产过程集成形成的煤基多联产系统。将煤的单一利用模式发展成为综合利用模式，达到对煤炭的高效、洁净、经济利用。同时，多联产技术与氢能利用、削减 CO_2 排放的长远可持续发展目标兼容，是未来洁净煤利用技术发展的主要方向。

多联产技术是在现有能源利用技术基础上的一次本质飞跃和提升，是近期可实现、未来可发展的新型能源系统，对于促进我国能源与环境协调发展，维护国家能源安全，实现能源装备业的自主创新，满足国民经济快速稳定发展需要都具有重要的战略意义。

煤基多联产系统根据煤种、产品、集成方式等的不同而有各种不同的形式。根据不同地区资源条件和产品市场的不同，煤基多联产系统发展应有不同的模式。

（1）在煤炭基地发展煤炭梯级利用联产项目

结合大型煤炭基地的资源条件，通过煤基多联产技术同时生产电力、清洁燃料和化工品，真正实现电力和清洁燃料、化工品生产的内在集成，

---

①实测的污染物排放浓度需要根据规定折合为基准氧合量排放浓度，这里基准合氧量为 16%。

可大幅提高系统的整体物质能量转换效率，降低水资源消耗，减少污染物及 CO_2 温室气体的排放。

中国科学院能源动力研究中心与新兴际华集团在鄂尔多斯共同推进新兴能源动力高技术产业园，建设煤基多联产梯级利用示范项目，联产系统液体产品生产规模 250 万 t/a，煤制燃料气 50 亿 Nm^3/h，发电功率 1200MW。

（2）在中东部地区发展不同产业融合的联产系统

在产业集中地，通过煤基多联产系统生产电力、氢气、燃料气、化工品等同时与其他产业如钢铁、炼化等结合。通过不同产业间的横向联合，进一步提高整体效率，降低成本。

2009 年 6 月 10 日，国务院常务会议讨论并通过《江苏沿海地区发展规划》，提出"推进江苏省与中国科学院在能源动力研究方面的合作，促进技术成果转化，建设清洁能源创新产业园"。创新产业园将以煤炭联产系统为基础，实现电力、化工、钢铁与炼化的横向联合。联产系统发电规模 1200MW，煤基液态产品和清洁燃料实现每年约 550 万 t 油品替代，纯碱、氯化铵、尿素、烯烃等化工产品约 300 万 t/a，为炼油生产每年提供氢气 10 亿 Nm^3 以上。

综合分析，2020 年前我国煤基多联产发展的潜力预计为煤基多联产发电 5000 ~ 10 000MW，清洁燃料（合成天然气、液体产品）及化工品（烯烃等）每年直接或间接替代 5500 万 t 油。考虑 CO_2 捕集的预留设计，并实现零排放氢电联产系统的示范。到 2030 年，煤基多联产发电潜力 20 ~ 100GW，清洁燃料（合成天然气、液体产品）及化工品（烯烃等）生产潜力为每年直接或间接替代约 1 亿 t 油品。

我国的多联产必须走自主研发的道路，发展具有自主知识产权的关键技术，带动重大装备制造业发展。多联产重大关键技术由极少数跨国公司高度垄断，技术壁垒高，市场换不来。20 世纪 80 年代末，我国开始引进大型煤气化技术，虽然付出了高昂的专利使用费，但买来的只是尚未成熟的技术，企业仍不得不额外付出巨大代价为外国公司进行技术试验，试验产生的技术全部归国外公司所有，对国外技术的过度迷信和依赖使我国成为各种煤气化技术的试验田。2003 年，国家组织了燃气轮机打捆招标，引进总容量达 16 000MW 的燃气轮机，实现了 E 和 F 级天然气燃气轮机的联合制造，国外公司拒绝转让燃气轮机设计技术和核心部件的制造技术，国内制造企业生产低附加值的部分，高额利润不得不留给外国公司，机组投运以后，依赖国外的 3 年零部件费用相当于一台新的燃气轮机，"市场换技术"战略失效。

多联产中煤气化、煤气净化、气体分离、燃气轮机等多项重大关键技术，影响面巨大，在我国分属化工、动力等不同领域，这些技术装备具有高温、高压、高速旋转、大规模、投资大等特点，是我国发展多联产的巨大瓶颈，工程化研究是连接技术研发与工程示范的桥梁，对突破瓶颈具有特殊重要的意义。国外的发展趋势是重视技术的工程化和系统化发展，这极大地加速了技术产品化与产业发展良性循环的进程，同时进一步加剧了垄断。例如，美国能源部出资，于 1996 年建成 PSDF（the power systems development facility）。该设施具有完善的前后处理单元，主要验证气化、合成气高温除尘、净化、合成气燃气轮机燃烧室、燃料电池等技术及其集成，是一个具有中试规模、系统级、经济可承受的先进发电技术验证平台，可以集成地、半商业性地测试新技术、新系统，发现和解决单一中试装置中无法揭示和解决的系统间相互作用的问题。

为摆脱长期受制于人的局面，必须依靠自主创新发展多联产技术，突破煤气化、重型燃气轮机等关键技术及装备瓶颈，研发碳捕集及封存等前沿技术，形成解决方案，支撑装备制造业升级和结构优化，建设经济上可承受的新一代洁净煤综合利用联产系统。

我国至今没有支撑 IGCC 联产技术创新的系统级工程化研究设施，成为 IGCC 联产自主发展的瓶颈，严重制约了技术研发、工程应用和工程技术人才培养，难以形成技术和产业的良性互动。

我国必须建设多联产技术系统发展设施，搭建连接多联产应用研究与工业示范间"死亡之谷"的桥梁，并以自主创新能源技术带动相关装备制造业快速高质量的发展，逐步实现以我国自主能源高技术装备能源装备制造业，促进实现产业升级。

为验证多联产关键技术，为多联产技术的商业推广做准备，我国应建设一批典型的多联产示范工程，由政府主导、企业为主体，政产学研用联合推进。

通过系统级工程研发平台和示范工程的建设，逐步完成以自主装备实现我国煤炭利用高效率、低污染的战略目标，使多联产成为解决我国能源问题的、经济上可承受的、高效、洁净、综合利用及近零排放的解决方案，支撑经济社会的可持续发展。

第 8 章   多联产系统发展战略及路线图

8.1   多联产系统发展的现状及形势

(1)   我国多联产系统已步入工业示范早期阶段

一方面，我国 IGCC 和煤化工的单产系统已经进入局部示范和推广阶段。例如，启动了首个 IGCC 示范（天津）的建设，煤直接液化、煤制烯烃的工业示范成功运行，车用甲醇已经在局部区域大范围推广，启动了二甲醚的公交示范等。随着这些单产系统的发展，多联产系统发展所需的气化、联合循环、化工合成等单元技术日益走向成熟。

另一方面，多联产系统的示范工作也已经全面开展，并取得了较大成效。例如，30 万 t 甲醇/85MW 电的多联产系统实现了长周期、稳定的运行，12MW 循环流化床热电气焦油多联产示范装置成功试运行，"气化煤气和热解煤气共制煤气多联产示范"项目成功启动等。随着这些项目的开展，多联产系统的集成优化技术也取得了长足进步。

因此，总体看来，我国多联产系统的发展已经进入工业示范早期阶段，技术日益走向成熟，为多联产系统的进一步工业示范和大范围技术推广打下了良好的基础。

(2)   多联产系统发展具有广阔的空间

由于国内石油资源短缺，油品需求快速增加，我国石油对外依存度已经超过了 50%，并日益增加，所面临的能源安全形势日益严峻。若延续目前趋势，2030 年我国油品需求可能达到 7 亿～8 亿 t，从能源安全角度可能需要 0.5 亿～1 亿 t 的石油替代燃料，包括交通液体燃料（汽、柴油）和石油化工原料（石脑油）的替代。而煤基燃料（煤制油、醇醚燃料、煤制烯烃等煤化工）由于技术相对成熟，将在其中发挥重要的作用。

但是，由于我国面临的资源、环境形势日益严峻，煤化工发展面临着能效低、碳排放高、水耗高等一系列严峻的挑战。而多联产系统作为高能效、低水耗、捕捉 CO_2 成本低的先进能源系统，是生产煤基液体燃料的重要战略方向，将拥有广阔的发展空间。与此同时，多联产系统的发展，也有助于解决纯 IGCC 或 IGCC+CCS 发电系统成本过高、难以推广的问题。

（3）多联产系统发展面临多方面挑战

一方面，由于我国多联产系统仍处于技术发展的早期阶段，目前所提出的众多技术方案仍缺乏足够的工业示范验证，而在系统优化集成层面也还有许多关键问题有待解决。因此，目前尚未形成符合国情的多联产系统方案的主导设计，在一定程度上阻碍了多联产系统的发展。

另一方面，长期以来，由于我国发电、化工等行业各自独立、相互分割，而多联产系统是跨行业的能源系统，发展中仍面临着行业分割所导致的体制、人才、技术、市场等方面的挑战。此外，目前我国多联产系统的发展仍缺乏相关的政策、法规支持，如在项目审批、经费投入、金融政策、上网电价、税收（碳税）和协调利益分配等方面均存在一些政策方面的障碍。

8.2　多联产系统发展的战略思路和目标

8.2.1　我国多联产系统发展的战略内涵

在我国积极推广煤基多联产系统，需要通过建设一批规模不等的、采用多种工艺流程的煤基多联产工业示范项目，突破煤基多联产系统工业应用中尚存在的关键单元技术和系统集成技术,展现煤基多联产系统在能效、经济性、常规污染物控制以及降低温室气体排放方面较电力和化工单产系统方面的优势,促进发电行业和煤化工行业的行业间合作,最终实现煤基多联产系统在中国大规模商业化运行,使煤基多联产成为解决我国能源问题的、经济上可承受的主流煤炭清洁高效利用方式,支撑我国经济社会的可持续发展。

煤基多联产系统的推广必须走自主研发的道路,发展具有自主知识产权的关键单元技术和系统集成技术,带动重大装备制造业发展。多联产中煤气化、煤气净化、气体分离、燃烧合成气的燃气轮机、一次通过化工合成等多项关键单元技术以及化工和动力系统的集成技术,在我国实际工程应用中的经验尚不丰富,还存在一些需要解决的工程技术问题,是我国发展多联产的巨大瓶颈。建设煤基多联产工业示范项目是连接技术研发与工程示范的桥梁,是突破上述技术瓶颈的主要途径。

在推进煤基多联产系统的过程中,要做好煤炭和可再生能源、天然气、焦炉气等其他能源的协同利用;在能源转化上,要做好化学能和物理能的协同利用;在产品生产上,要做好液体燃料、化工产品、电/热/冷及其他副产品等多种产品的协同生产;在行业发展上,要做好化工和电力等多部门协同合作,政府、行业、企业和研究机构的协同合作,打破行业分割和部门分割。

8.2.2　我国多联产系统发展的指导思想

1)自主创新。总体上要坚持自主开发、坚持科技创新,发展符合国情的多联产系统。尤其在系统集成上,要保证自主的知识产权,以保障多联产技术的可持续发展。

2)重点突破。在多联产系统的关键技术上形成突破,如高效、低成本的煤气化(热解)技术、适应燃烧合成气和富氢气体的燃气轮机技术、CO_2 和其他副产品的资源化利用技术、多联产系统的集成优化和设计技术等。

3）多元发展。鉴于我国多联产系统尚未形成主导设计，而我国各地的资源禀赋、环境状况和市场情况不尽相同，多联产系统的发展还应有多元化的系统方案和发展模式。

4）合理布局。多联产的系统应因地制宜、因时制宜，通过政府、行业、企业和研究机构的充分论证，根据实际需要和资源禀赋等在重点地区布局适宜方案和规模的多联产系统的示范、推广和产业化发展。

8.2.3　我国多联产系统发展的发展思路

1）一个统领。以煤炭可持续发展为统领，充分利用多联产系统能效高、排放少、具有低成本捕捉 CO_2 的优势等优点，将其作为我国煤炭资源高效、洁净、低碳化利用的重要战略方向，大力发展。

2）两个创新。依托多联产系统的自主技术创新，培育和发展以多联产系统为核心的新型产业，在技术创新的同时做好产业的创新。

3）突破三类技术。在发电方面，重点突破 IGCC 以及 IGCC+CCUS 的关键技术；在化工方面，重点突破煤制油、煤制烯烃、醇醚燃料以及 CCUS 等关键技术；在系统优化和集成方面，重点突破煤基多联产、煤炭和其他能源协同利用的多联产，以及和 CCUS 的集成等方面的关键技术。

4）做好四个协同。一是在能源资源上，做好煤炭和其他能源（可再生能源、天然气、焦炉气等）的协同利用；二是在能源转化上，做好化学能和物理能的协同利用；三是在产品生产上，做好多种产品（液体燃料、化工产品、电/热/冷及其他副产品）的协同生产，调节"峰-谷差"和优化总体经济性；四是在行业发展上，做好化工和电力等多部门协同合作，政府、行业、企业和研究机构的协同合作，打破行业分割和部门分割。

8.2.4　我国多联产系统发展的战略目标

到 2020 年，通过五六套整体煤气化联合循环（IGCC）示范突破煤气化及富氢燃料发电技术，同时有序开展十套左右的煤基多联产系统示范，突破关键单元技术及系统集成技术，为多联产技术产业化奠定坚实基础。

到 2030 年，通过扩建已有示范项目和新建项目，总共建成二十套左右多联产系统，实现多联产技术产业化。重点对五种技术流程进行工业放大，并对多联产系统加装 CO_2 捕集系统进行技术示范。

8.3　多联产系统发展的战略措施及技术路线图

（1）重点突破多联产系统的关键科学技术

针对多联产系统的三类关键技术，包括：①IGCC 和 IGCC+CCUS 关键科学技术研究开发；②煤化工多联产+CCUS 的关键科学技术研究开发；③广义多联产系统+CCUS 的关键科学技术研究开发，尽快设立国家科技攻关重大专项，重点突破其中的关键科学技术问题。

（2）合理布局多联产系统工业示范

2020 年前，建设采用以下工艺流程的煤基多联产系统各两套：

1）基于煤气化的合成气一次通过电力/甲醇联产系统，发电容量 300MW，甲醇合成 30 万 t/a。

2）基于煤气化的合成气再循环电力/甲醇联产系统，发电容量 250MW，甲醇合成 30 万 t/a。

3）基于气化煤气和焦炉煤气双气头的合成气一次通过电力/甲醇联产系统，发电容量 300MW，甲醇合成 30 万 t/a，焦炉煤气消耗 8 亿 Nm^3/a。

4）基于煤炭热解气化燃烧分级转化的合成气一次通过电力/甲醇联产系统，发电容量 200MW，甲醇合成 15 万 t/a，联产焦油 1 万 t/a。

5）基于煤炭和生物质共气化的合成气一次通过电力/甲醇联产系统，发电容量 200MW，甲醇合成 15 万 t/a。

2030 年前通过扩建已有示范项目和新建项目，总共建成 20 套左右多联产系统,实现多联产技术产业化。重点对以上五种技术流程进行工业放大,并对多联产系统加装 CO_2 捕集系统进行技术示范。

2030 年后开展产业化推广,最终达到总发电能力 20 ~ 100GW,清洁燃料(合成天然气、液体产品)及化工品(烯烃等)每年直接或间接替代 0.5 亿 ~ 1 亿 t 石油的规模,为保证国家能源安全做出实质性贡献。

(3) 重点培育和发展多联产系统的相关产业

除发展多联产系统的产品生产本身这一产业外,重点培育如下配套产业,支撑多联产系统的产业化发展,包括:①动力设备制造产业,重点是自主的燃用合成气或富氢气体的燃气轮机装备制造;②煤气化设备制造产业,包括煤气化、部分气化、热解等;③煤化工合成设备制造产业,包括煤制油、煤制系统、甲醇和二甲醚的合成反应器、催化剂和配套设备等;④多联产系统集成设计和咨询服务等其他相关产业;⑤醇醚燃料产业,重点包括甲醇汽车、灵活燃料车、二甲醚汽车和二甲醚民用设备等。

(4) 我国多联产系统发展的技术路线图

煤基多联产系统技术发展路线图如图 8-1 所示。

第一阶段为多联产系统关键技术研发及示范阶段。至 2020 年,依托 10 套多联产系统示范装置,开展 IGCC/联产系统关键技术的自主研发,主要包括:大规模的煤炭气化技术、中低热值煤气高效发电技术、三相浆态床反应工艺、低能耗的制氧技术、H_2 和 CO_2 分离技术、耐硫催化剂技术、煤热解分级转化利用技术等。

第二阶段为多联产系统工业示范阶段。2020 ~ 2030 年,完成 20 套多联产系统示范,采用自主知识产权的高、低温费托合成工艺技术,研究燃气发电装置变工况特性,突破大型煤基多联产系统工业化的主要工程技术障碍,并对多联产系统 CO_2 捕集进行工程示范。

第三阶段为多联产系统产业化阶段。2030 年以后,在我国对多联产

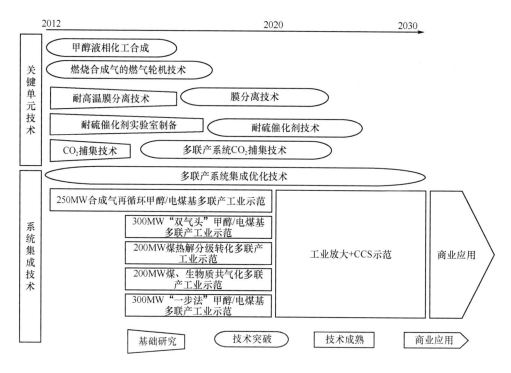

图 8-1 煤基多联产系统技术发展路线图

系统进行大规模产业化推广。

值得注意的是，多联产系统集成及优化将贯穿整个多联产系统发展阶段。

8.4 多联产系统发展的政策保障措施

（1）理顺管理体制

尽快成立或指派相关机构，专门负责和协调跨行业、跨部门的多联产系统发展的政策规划制订和技术示范、推广等事宜。

（2）加强规划制订

将多联产系统发展作为煤化工、电力、煤炭相关规划的重要内容，对多联产系统的发展路线、发展重点和布局进行统筹安排。

(3) 出台相关政策

设立专门经费，用于支持多联产系统的工业示范和推广。出台上网电价以及金融、财税等方面的优惠政策，促进多联产系统发展。将多联产作为相关学科的重要内容，设立专门的研究和培训机构，加强人才培养。出台相关产业政策和行业标准，推动多联产及相关配套产业的发展。

参 考 文 献

岑建孟，方梦祥，王勤辉，等．2011．煤分级利用多联产技术及其发展前景．化工进展，30（1）：88-94.

陈俊武，陈香生，李春年．2009．石油替代综论．北京：中国石化出版社．

杜铭华．2006．煤炭液化技术及其产业化发展．中国煤炭，32（2）：10-12.

段新琪．2007．我国汽油柴油产品质量升级问题探讨．石化技术，14（3）：76-78.

冯连勇，唐旭，赵林．2007．基于峰值预测模型的我国石油产量合理规划．石油勘探与开发，34（4）：497-501.

国家发展和改革委员会．2011．国家发展和改革委员会将在"十二五"期间征收碳税．化肥设计，49（4）：55.

国家发展和改革委员会．2009．国家发展改革委价格司关于成品油价格有关热点问题的说明．http：//www.sdpc.gov.cn/xwfb/t20090715_290975.htm.

国家能源局．2011.2010 年能源经济形势及 2011 年展望．http：//www.sdpc.gov.cn/jjxsfx/t20110128_393341.htm.

国家税务总局．2009．国家税务总局关于实施高新技术企业所得税优惠有关问题的通知．http：//www.chinatax.gov.cn/n8136506/n8136593/n8137537/n8138502/9031512.html.

国家统计局能源统计司，国家能源局综合司．2010．中国能源统计年鉴2009．北京：中国统计出版社．

国家统计局能源统计司，国家能源局综合司．2011．中国能源统计年鉴2010．北京：中国统计出版社．

焦树建．2000．论以"合成气园"为基础的多联产技术．北京：以煤气化为基础的多联产战略研讨会．

金红光，林汝谋．2008．能的综合梯级利用与燃气轮机总能系统．北京：科学出版社．

金红光，王宝群，刘泽龙，等．2001．化工与动力广义总能系统的前景．化工学报，52（7）：565-571.

邝生鲁．2009．高油价给中国煤基液态能源技术的发展带来机遇（下）．现代化工，9（29）：1-9.

李大尚．2003．煤制油工艺技术分析与评价．煤化工，2（1）：17-23.

李刚，韩梅．2008．兖矿集团煤基多联产系统规划简介．山东煤炭科技，3：182-184.

李文英，冯杰，谢克昌．2011．煤基多联产系统技术及工艺过程分析．北京：化学工业出版社．

李政等．2007．中国替代能源发展战略研究．北京：中国工程院专项报告．

刘峰，胡明辅，安赢，等．2009．煤液化技术进展与探讨．化学工程与装备，11：106-110.

刘广建．2007．多联产系统节能特性分析及综合评价方法研究．北京：清华大学博士学位论文．

陆化普，毛其智，李政．2008．快速城镇化进程中的城市可持续交通：理论与我国实践．北京：中国铁道出版社．

麻林巍，倪维斗，李政，等.2004a. 以煤气化为核心的甲醇、电的多联产系统分析（上）. 动力工程，24（3）：451-456.

麻林巍，倪维斗，李政，等.2004b. 用多联产概念改善 IGCC 经济性的分析. 燃气轮机技术，17（1）：15-20.

麻林巍，付峰，李政，等.2008. 新型煤基能源转化技术发展分析. 煤炭转化，31（1）：82-88.

马忠海.2002. 中国几种主要能源温室气体排放系数的比较评价研究. 北京：中国原子能科学研究院博士学位论文.

毛节华.1999. 中国煤炭资源预测与评价. 北京：科学出版社.

茅于轼，盛洪，杨富强，等.2008. 煤炭的真实成本. 北京：煤炭工业出版社.

倪维斗.2010. IGCC 多联产应打破行业界限. http://paper.people.com.cn/zgnyb/html/2010-04/19/content_494097.htm? div=-1［2010-05-11］.

倪维斗，李政.2011. 基于煤气化的多联产能源系统. 北京：清华大学出版社.

倪维斗，陈贞，李政.2008. 我国能源现状及某些重要战略对策. 中国能源，30（12）：5-9.

倪维斗，陈贞，麻林巍，等.2009. 关于广义节能的思考. 中外能源，14（2）：1-8.

倪维斗，郑洪弢，李政，等.2003. 多联产系统：综合解决我国能源领域五大问题的重要途径. 动力工程，23（2）：2245-2251.

倪维斗，张斌，李政.2003. 氢能经济·CO_2 减排·IGCC. 煤炭转化，26（03）：1-10.

濮洪九.2010. 中国煤炭可持续开发利用与环境对策研究. 徐州：中国矿业大学出版社.

孙仁金，邱坤，单丽刚，等.2009. 对我国炼油化工产业链发展的思考. 中外能源，14（10）：1-5.

王庆一.2006. 可持续能源发展财政和经济政策研究参考资料：2006 年能源数据. 北京：能源基金会.

王庆一.2007. 可持续能源发展财政和经济政策研究参考资料：2007 年能源数据. 北京：能源基金会.

王庆一.2008. 可持续能源发展财政和经济政策研究参考资料：2008 年能源数据. 北京：能源基金会.

王庆一.2009. 可持续能源发展财政和经济政策研究参考资料：2009 年能源数据. 北京：能源基金会.

王庆一.2010. 可持续能源发展财政和经济政策研究参考资料：2010 年能源数据. 北京：能源基金会.

魏巍贤，林伯强.2007. 国内外石油价格波动性及其互动关系. 经济研究，12：130-141.

魏一鸣，范英，焦建玲，等.2006. 国际油价波动对中国经济的影响预测. 北京：中国科学院预测研究中心.

吴文化，樊桦，李连成，等.2008. 交通运输领域能源利用效率、节能潜力与对策分析. 宏观经济研究，（6）：28-33.

俞珠峰，陈贵峰，杨丽.2006. 煤基液体燃料生产技术的评价. 中国能源，2（28）：14-18.

岳福斌.2008. 煤炭蓝皮书——中国煤炭工业发展报告（2006-2010）. 北京：社会科学文献出版社.

张德义.2005. 世界炼油工业结构调整及对我国的启示. 石油化工技术经济，21（3）：1-7.

张亮，黄震.2006. 煤基车用燃料的生命周期能源消耗与温室气体排放分析. 煤炭学报，10（5）：662-665.

郑安庆，冯杰，葛玲娟，等.2009a. 双气头多联产系统的 Aspen Plus 实现及工艺过程优化（Ⅰ）模拟流程的建立及验证. 化工学报，61（4）：969-978.

郑安庆，冯杰，薛冰，等.2009b.双气头多联产系统的 Aspen Plus 实现及工艺过程优化（Ⅱ）工艺操作参数分析.化工学报，61（4）：979-987.

中国工程院.2011a.中国能源中长期（2030、2050）发展战略研究：电力·油气·核能·环境卷.北京：科学出版社.

中国工程院.2011b.中国能源中长期（2030、2050）发展战略研究：节能·煤炭卷.北京：科学出版社.

中国工程院.2011c.中国能源中长期（2030、2050）发展战略研究：综合卷.北京：科学出版社.

中国经济导报社.2008.煤炭行业风险分析报告 2008.北京：中国经济导报社.

中国石油化工新闻.2010.我国原油加工能力成为世界第二.http://enews.sinopecnews.com.cn/shb/html/2010-05/11/content_107741.htm.

中国水利部.2007.中国水资源公报 2006.北京：中国水利水电出版社.

Awerbuch S，Sauter R. 2006. Exploiting the oil-GDP effect to support renewables deployment. Energy Policy. 34（17）：2805-2819.

Benassy-Quere A，Mignon A，Penot A. 2007. China and the relationship between the oil price and the dollar. Energy Policy，35：5795-5805.

Blair D，Lieberthal K. 2007. Smooth sailing：The world's shipping lanes are safe. Foreign Affair，86（3）：7-13.

BP. 2009. BP Statistical Review of World Energy June 2009. UK：BP plc.

BP. 2010. BP Statistical Review of World Energy June 2010. UK：BP plc.

Chao C，Rubin E S. 2009. CO_2 control technology effects on IGCC plant performance and cost. Energy Policy，37（3）：915-924.

Chen C. 2005. A Technical and Economic Assessment of CO_2 Capture Technology for IGCC Power Plants. PhD thesis. Pittsburgh：Carnegie Mellon University.

Department of Energy（DOE）.2001. Coproduction of Power, Fuels and Chemicals. Topical Report，No 21.

Du L M，He Y N，Wei C. 2010. The relationship between oil price shocks and China's macro-economy：An empirical analysis. Energy Policy，38：4142-4151.

EIA. 2009. International Energy Outlook 2009. US：U S Energy Information Administration.

EIA. 2010. International Energy Outlook 2010. US：U S Energy Information Administration.

Falcke T J，Hoadley A F A，Brennan D J，et al. 2011. The sustainability of clean coal technology：IGCC with/without CCS. Process Safety and Environmental Protection，89（1）：41-52.

Feng G，Mu X Z. 2010. Cultural challenges to Chinese oil companies in Africa and their strategies. Energy Policy，38：7250-7256.

Feng L Y，Li J C，Pang X Q. 2008. China's oil reserve forecast and analysis based on peak oil models. Energy Policy，36：4149-4153.

Gao L，Jin H G，Liu Z L，et al. 2004. Exergy analysis of coal-based polygeneration system for power and chemical production. Energy，29（12-15）：2359-2371.

Greene D, Jones W D, Leiby P. 1998. The outlook for US oil dependence. Energy Policy, 26 (1): 55-69.

He K, Huo H, Zhang Q, et al. 2005. Oil consumption and CO_2 emissions in China's road transport: current status, future trends, and policy implications. Energy policy, 33: 1499-1507.

HL Consulting Co. , Ltd. 2006. China Coal Report. Beijing: Beijing HL Consulting Co. , Ltd.

IEA. 2007. World Energy Outlook 2007. Paris: IEA.

IEA. 2008a. World Energy Outlook 2008. Paris: IEA.

IEA. 2008b. CO_2 Capture and Storage: A Key Carbon Abatement Option. Paris: IEA.

IEA. 2009. World Energy Outlook 2009. Paris: IEA.

IEA. 2010a. Key World Energy Statistics 2010. Paris: OECD/IEA.

IEA. 2010b. World Energy Outlook 2010. Paris: IEA.

IEA. 2011. Monthly Oil Survey January 2011. http://www.iea.org/stats/surveys/archives.asp.

Jillson K R, Chapalamadugu V, Erik Ydstie B. 2009. Inventory and flow control of the IGCC process with CO_2 recycles. Journal of Process Control, 19 (9): 1470-1485.

Jin H G, Gao L, Han W, et al. 2010. Prospect options of CO_2 capture technology suitable for China. Energy, 35 (11): 4499-4506.

Jin H G, Li S, Gao L, et al. 2011. An energy network with polygeneration system and CCS suitable for China. Energy Procedia, 4: 2332-2339.

Kesicki F. 2010. The third oil price surge - What's different this time? Energy Policy, 38: 1596-1606.

Leiby P, Bowman D. 2000a. The Value of Expanded SPR Drawdown Capability. Oak Ridge: Oak Ridge National Laboratory.

Leiby P, Bowman D. 2000b. The Value of Expanding the U. S. Strategic Petroleum Reserve. Oak Ridge: Oak Ridge National Laboratory.

Leung GCK. 2010. China's oil use, 1990—2008. Energy Policy, 38: 932-944.

Lieberthal K, Herberg M. 2006. China's Search for Energy Security: Implications for US Policy. NBR ANALYSIS, 17 (1): 5.

Lovins A B, Datta E K, Odd-Even Bustnes, et al. 2004. Winning the Oil Endgame: Innovation for Profits, Jobs, and Security. US, Rocky Mountain Institute. UK: Earthscan.

Lynch M C. 1997. Nature of Energy Security. Breakthroughs, 4 (1): 4.

Ma L W, Liu P, Fu F, et al. 2011. Alternative energy development strategies for China towards 2030. Frontiers of Energy and Power Engineering in China, 36: 1143-1154.

Nel W P, Cooper C J. 2008. A critical review of IEA's oil demand forecast for China. Energy Policy, 36: 1096-1106.

NETL. 2008. Development of Baseline Data and Analysis of Life Cycle Greenhouse Gas Emissions of Petroleum-Based Fuels. http://www.netl.doe.gov/energy-analyses/pubs/NETL% 20LCA% 20Petroleum-Based% 20Fuels% 20Nov% 202008. pdf.

OPEC. 2009. World Oil Outlook 2009. Vienna: OPEC.

OPEC. 2010. World Oil Outlook 2010. Vienna：OPEC.

Ou X M, Zhang X L, Chang S Y. 2010. Scenario analysis on alternative fuel/vehicle for China's future road transport: Life-cycle energy demand and GHG emissions. Energy Policy, 38：3943-3956.

Pehnt M. 2006. Dynamic life cycle assessment (LCA) of renewable energy technologies. Renewable Energy, 31 (1)：55-71.

Population Reference Bureau. 2010. 2009 world population data sheet. http：//www. prb. org.

Seader W D, Seider J D, Lewin D R. 1999. In Process Design Principles-Synthesis, Analysis, and Evaluation. 2nd ed. US：John Wiley and Sons, Inc.

Skeer J, Wang Y J. 2007. China on the move：Oil price explosion. Energy Policy, 35：678-691.

Tang X, Zhang B S, Hook, et al. 2010. Forecast of oil reserves and production in Daqing oil field of China. Energy, 35：3097-3102.

True W R, Koottungal L. 2009. Special Report：Global refining capacity advances; US industry faces uncertain future. http：//www. ogj. com/index/article-display. articles. oil-gas-journal. volume-107. issue-47. proces sing. special-report_ global. QP129867. dcmp=rss. page=1. html.

U S Department of Energy. 1990. Strategic Petroleum Reserve Size Study. Washington：Department of Energy.

Walls W D. 2010. Petroleum refining industry in China. Energy Policy, 38：2110-2115.

Wang Z, Jin Y F, Wang M, et al. 2010. New fuel consumption standards for Chinese passenger vehicles and their effects on reductions of oil use and CO_2 emissions of the Chinese passenger vehicle fleet. Energy Policy, 38：5242-5250.

WBCSD (World Business Council for Sustainable Development). 2007. Mobility 2030：Meeting the Challenges to Sustainable Mobility. Conches-Geneva：WBCSD.

We Y M, Wu G, Fan Y, et al. 2008. Empirical analysis of optimal strategic petroleum reserve in China. Energy Economics, 30 (2)：290-302.

Wu G, Liu L C, Wei Y M. 2010. Comparison of China's oil import risk：results based on portfolio theory and a diversification index approach. Energy Policy, 37：3557-3565.

Xu Z F, Hetland J, Kvamsdal H M, et al. 2011. Economic evaluation of an IGCC cogeneration power plant with CCS for application in China. Energy Procedia, 4：1933-1940.

Yergin D. 2007. The Fundamentals of Energy Security. http：//foreignaffairs. house. gov/110/yer032207. htm.

Zhang K S, Hu J N, Gao S Z, et al. 2010a. Sulfur content of gasoline and diesel fuels in northern China. Energy Policy, 38：2110-2115.

Zhang Q Y, Tian W L, Zheng Y Y, et al. 2010b. Fuel consumption from vehicles of China until 2030 in energy scenarios. Energy Policy, 38：6860-6867.

Zhang X B, Fan Y, Wei Y M. 2009. A model based on stochastic dynamic programming for determining China's optimal strategic petroleum reserve policy. Energy Policy, 37：4397-4406.

Zhang Y Z. 2006. China's Development Strategy for Coal-to-Liquids Industry. Paris：IEA.